谨以此书

献给那些为弘扬中华传统服装文化

而不懈努力的中国人

在此感谢

中央电视台百家讲坛栏目精心策划了《中国衣裳》专题讲座

中国电视报、中国青年报、四川日报对这一话题的关注和延伸

中国青年出版社为把讲座变成图书所付出的努力

尤其感谢

专题总编导魏学来老师对讲座的总体把握和指导

最难忘那些打磨讲稿的日子，回头再看时

才知道每一步都在向高处行走

中国衣裳

李任飞 著

中国青年出版社

目录

盖 头 / 1

第一篇：上衣下裳

一、「衣裳」的文字意味 / 2

二、方便生活是硬道理 / 3

三、升华到文化的高度 / 4

四、祖爷爷的伟大创意 / 6

五、垂衣裳何以天下治？/ 8

六、上衣下裳的和平气质 / 10

七、衣裳制的千年流变 / 11

第二篇：十二章纹

一、令人敬仰的舜帝 / 14

二、以德治国的源头 / 16

三、等级分明的设计 / 18

四、等级划分并非拍脑袋 / 19

五、十二章纹施于服装的样子 / 22

六、古人头脑中的生态系统 / 25

第三篇：百家衣观

一、周公心中的理想国 / 28

二、老庄的被褐怀玉 / 29

三、孔子的文质彬彬 / 31

四、墨子的行不在服 / 33

五、屈子的志洁物芳 / 35

六、诸子百家的坐标位置 / 37

第四篇：织女传奇

一、家喻户晓的神仙织女 / 40

二、聪颖美丽的先蚕娘娘 / 42

三、善良贤惠的先织娘娘 / 45

四、大爱天下的先棉奶奶 / 46

五、织女神话的社会功能 / 48

六、那些难忘的人间织女 / 50

第五篇：经纬天地

一、那些古老的纺织碎片 / 56

二、周王朝的纺织生活 / 57

三、史上最早的面料战争 / 61

四、诸葛亮的面料大品牌 / 63

五、经纬当中的大智慧 / 66

第六篇：五色相宜

一、红色至尊年代 / 70

二、黑白对立阶段 / 70

三、五行统合五色 / 71

四、紫气东来与恶紫夺朱 / 73

五、黄色渐为皇族垄断 / 75

六、黄袍加身的正版和盗版 / 77

七、等级森严的官服色彩 / 79

八、古代色彩体系的反思 / 81

第七篇：锦上添花

一、由直线到曲线 /84

二、周王朝的锦绣 /85

三、五星出东方利中国 /86

四、纺织奇迹《璇玑图》/88

五、创新品牌陵阳公样 /90

六、服装花纹上的政治谋略 /92

七、那美丽的蓝花布 /94

八、方圆长满中国风 /96

第八篇：飞龙在天

一、和合的龙图腾 /98

二、真龙天子出生 /99

三、君权神授的效应 /101

四、似有若无的年代 /103

五、包青天打龙袍 /104

六、夸张再夸张 /106

七、龙成为主脉络 /108

第九篇：百鸟朝凤

一、龙凤呈祥的局面 /112

二、汉代凤凰的地位 /114

三、唐代的凤凰热 /116

四、霓裳羽衣的样子 /120

五、凤冠霞帔 /124

六、凤凰美学 /125

第十篇：胡服骑射

一、忧患酝酿变革 /128

二、胡服和汉服的区别 /129

三、赵武灵王的攻坚战 /131

四、秦汉的迂回之路 /133

五、北魏孝文帝的汉化改革 /135

六、难忘大唐神韵 /136

第十一篇：冠冕堂皇

一、独特的创造 /142

二、良苦用心 /143

三、冠的丰富 /145

四、君子死，冠不免 /148

五、秦始皇的算盘 /149

六、刘邦的刘氏冠 /151

七、巾对冠的挑战 /152

第十二篇：人之领袖

一、领、袖和领袖 /156

二、古代领型的变迁 /157

三、领子上的文章 /159

四、古代袖子的功能 /160

五、袖子改写的历史 /162

六、领袖人物的特质 /165

七、领袖含义的升级 /166

第十三篇：衣带渐宽

一、远古的腰带 /170

二、带钩救了一位霸主 /172

三、衣带诏的谜团 /173

四、蹀躞带的华丽转身 /174

五、唐朝的进一步改变 /176

六、传说中的紫云楼带 /177

七、文天祥的绅士风度 /178

八、从衣带到民族心理 /181

第十四篇：纨绔是非

一、3300 年前的裤子 /184

二、中原裤装的开始 /184

三、礼仪必不可少 /186

四、大文豪的豪放 /188

五、上官皇后是一座里程碑 /190

六、南北朝时期流行裤装 /192

七、纨绔子弟现象 /193

第十五篇：足下生辉

一、鞋在古代的地位 /198

二、足下何以是敬称？/199

三、两位丢了鞋的国君 /201

四、孔子也丢了鞋 /203

五、谢安和谢灵运 /205

六、鲁风鞋和遵王履 /206

七、千里之行始于足下 /209

第十六篇：奇装异服

一、礼崩乐坏之后 /212

二、奇装异服的类型 /214

三、东汉孙寿的妖态 /215

四、传说中的魏晋风度 /216

五、魏晋风度从哪里来？/219

六、服妖，还是服妖 /220

七、往前一步是时尚 /222

第十七篇：与貌相宜

一、绝非闲情的偶寄 /226

二、神与形兼而论之 /227

三、李渔审美的三大倾向 /228

四、从个性出发的方案 /230

五、哪些东西能入法眼？/231

六、争议仍在继续 /232

七、裁衣学水田的意境 /233

八、我是谁和我在哪儿？/235

参考文献总目 /239

盖头

唐代诗人孟郊曾经写过一首小诗，描写的是儿子看见母亲为自己缝补衣裳时的心情。后来这首诗，成为了中华民族歌颂母爱的代言诗。即便是现代人出门在外，思念母亲，也常常会吟诵几句——

慈母手中线，游子身上衣。

临行密密缝，意恐迟迟归。

谁言寸草心，报得三春晖。

这首诗的确写得非常感人。不但感人，从传统服装文化的角度看，还非常精当。为什么这样说呢？

第一，从现象透视背景

诗中的人物是不可替换的。假如把母子换成父女，比如说"严父手中线，静女身上衣"，立刻就变得荒诞不经了。为什么呢？因为不符合当时的社会生活。作者所在的唐朝，是一个男耕女织的社会，父亲做针线活的可能性极小，而且那个时代，勇闯天涯的普遍是男人而不是女人。

第二，由物性反观人性

诗中的物件，比如针或者衣，也不能被其他东西所替换。稍有生活常识的人都知道，女人缝补衣裳，大多数时间手指捏住的不是线，而是针。

针是动作的关键，视线的焦点。那么作者为什么不说"慈母手中针"呢？这是因为，除了读音的平仄之外，更为重要的是针相比起线来，又短、又硬、还扎人，远不如绵长、柔软的丝线更能象征母子之间的牵挂之情。

一个小小的场景，恰恰是社会生活的缩影；几个简单的物件，恰恰也是人间真情的载体。中国传统服装，同样是我们透视古代社会生活的窗口，以及感受祖先心灵温度的媒介。

拂去尘沙一颗一粒，

追寻往事一丝一缕……

我们这个专题，就是想从传统服装当中，找到曾经发生在材料、款式、色彩、图案、工具等等方面的故事，去理解它们背后的情感、梦想、思考和智慧，去感受政治、经济、文化和技术等多种因素随历史变迁在服装上或含蓄或直接的体现。虽然说岁月的尘沙，已经让很多往事变得遥远而且模糊，但是透过历史的遗痕，我们仍然可以解读出一个伟大民族人文情怀，以及文化基因形成的主要线索和精彩的细节。

我觉得，这是一件既有意义又有意思的事情。

您觉得呢？

李任飞

第一篇：上衣下裳

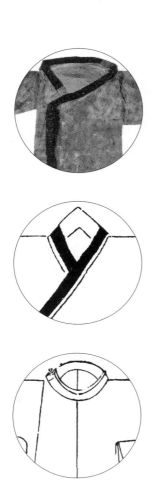

「衣裳」，是一个今天十分常用却又非常古老的词汇。但随着时代的变迁，这个词如今已基本失去了原始风貌，其本义被逐渐淡化。其实这个简单的词汇当中蕴含着相当丰富的历史和人文信息。只有了解这些信息，才有可能理解中华传统服装文化之博大精深。可以说，中华民族的服装文明便是从这个词开始的。

一、"衣裳"的文字意味

中国的文字意味深长，文字背后往往是广阔的生活场景和深邃的人生智慧。"衣裳"两个字可以说非常值得进行深度解读。

1. "衣裳"一词怎样读？

首先，"衣裳"这个词在现代汉语中有两种不同的读法。第一种读法，读衣裳（shang），裳读成轻音，这是目前最常见的读法。但这样读时一定要注意，此时"衣裳"是衣物的统称，比如洗衣裳、缝衣裳、买衣裳。有人不小心把轻音的裳读成了第一声shāng，字典上并没有这个读音，显然考试的时候这样答题是不得分的。

第二种读法，读成衣裳（cháng）。这时，"衣裳"就成了上下装的分称。衣跟今天的概念一样，穿在身体的上部；而裳则是穿在身体下部的裙装。所以"衣裳"此时指的是"上衣下裳"的服装形制。在古代，"衣裳"一词只有这一个用法。所以李白的名句"云想衣裳花想容"当中的"裳"，还是应该读成（cháng）。

2. "衣裳"二字怎样写？

衣，在甲骨文上是这样写的。

甲骨文是一种象形文字，所以把象形的"衣"字与古代服装进行对照，感受会更为深切。

那么裳字呢？按照汉代学者许慎在《说文解字》中的解释，"裳"与"常"字相通，是"常"的异形字，而"常"则解释为下裙。也就是说，早期的裙装用"常"字来表示。常字的下半部分是个巾字，而早期的确是用巾状物在腰际围拢，以围裙作为下装的。

很显然，围裙出现是因为人类有了羞耻心，而羞耻心则是文明的重要基础之一。所以"常"的出现是中华文明的重要节点，也成为祖先们生活当中必穿的衣物。有了这个认知，也就不难解释"常"字所带有的固定不变或者高频出现的含义。

文字的演变过程是复杂的。虽然目前没有史料做具体说明，但与服装结合，则为后人提供了一定的想象空间。

"常"变为"裳"，很可能是裙装发展导致的。随着时间推移，巾

图：甲骨文"衣"字

图：战国凤鸟花卉纹绣浅黄绢面绵袍（湖北省荆州博物馆《馆藏精品》）

的两端被缝合在一起；同时纵向加长；再有裙摆放大乃至出现多个皱褶。这样的变化使得很难再用"常"字表达裙装的丰富形态，因此让位给"裳"字就成了自然而然的事情。

二、方便生活是硬道理

其实，任何衣物产生都离不开现实生活基础。

首先，上下装分穿是所有以方便劳动为目的的服装所共同采取的形制。无论是农耕民族还是游牧民族，上下分穿都具有充分的合理性。干活的时候把上装脱掉，既散热又灵活；干完活把上装穿起来，既保暖又体面。所以，无论是哪个民族都有上下分穿的服装存在。但是在上下分穿之后下装到底穿什么？却是一个体现差别的地方。

可以说从古到今，人类的服装一直存在着上衣下裳的衣裳制和上衣下裤的衣裤制两种类型。这两种形制虽然在今天各国家各民族混合使用，但在开始形成的时候却跟气候、技术水平，以及生活方式有关系。

1. 气候原因

很显然，在气候炎热地区人们更容易采用方便散热的裙装；而相反在气候寒冷地区则会选择利于保暖的裤装。今天亚热带植被相比 5000 年前已经向赤道方向回缩了 600 公里，也就是说那时的中华祖先可能是因为气候的原因，自然而然地选择了衣裳制。而下裳在这个时候主要用来满足遮羞的需要。

2. 技术原因

古代的面料也会影响到衣裤制的普及。很显然，粗糙僵硬还可能带着毛刺的面料，不适合贴身包裹隐私部位。所以多数祖先早期只穿围裙而不穿裤子，尤其是不穿合裆裤，原因之一就是不想把自己搞得太辛苦。

3. 生活方式原因

对于游牧民族而言，由于骑马，同时又常在草木荆棘当中行走，所以即便辛苦也需要穿裤子。但是对于农耕民族则不然。由于在田地里劳作，穿着短到膝盖的围裙，泥土主要粘在小腿上，便于清洗，回家的路上蹚一条小河就洗干净了。但如果穿着裤子在田里干活，即便是跟围裙长短相同，相比起喇叭口形状的围裙来说，裤脚上更容易粘上泥土。而那个时代面料纺织得不够结实，颜色也染得不够牢固，洗不了几水也就不能穿了。

中国是多民族国家，并且幅员辽阔，其中人口比例最大的汉族因为气候、技术、农耕生活等原因最早采用了衣裳制，而处于北方的游牧民族则最早采用了衣裤制。后来因为气候渐冷、技术发展，以及民族融合等原因，使得衣裳制和衣裤制互相渗透，最终演变成了并存模式。

三、升华到文化的高度

虽然说"上衣下裳"是源于生活，但是中华传统服装却远远不只方便生活那么简单。按照历史的说法，5000年前中华民族的各种发明创造出现了一个集中爆发期。而当时所进行的发明创造，后来人往往都归功在一位伟大祖先的名下。人们公认是由他带领中华民族迎来了历史的曙光，进入了文明社会。尽管身体里未必含有他的生物基因，但全世界华人都自愿并自豪地自称是他的子孙。这个人就是中华民族的人文初祖——黄帝！

1. 黄帝站在文明的开端

黄帝，中国远古时期部落联盟首领，传说为少典之子，因有土德之瑞，故号黄帝。他征服炎帝、打败蚩尤，从而统一中华民族；他播百谷草木，大力发展生产，始制衣冠，建造舟车，定算数，制音律，创医学，等等，并在此期间中华民族有了文字。黄帝居五帝之首，被尊为中华民族的"人文初祖"。

黄帝的功绩都是开创性的，功盖千秋。按照发明创造的数量和质量，即使在今天也足以称为中华第一"创客"！那么，这位伟大的祖先跟制作衣冠又是怎样一种具体关系呢？

在《周易·系辞下》中有一句话：

黄帝尧舜垂衣裳而天下治，盖取诸乾坤。

这句话说的就是中国服装文明的开端。

《易经》在中华民族传统文化当中的地位，可以称作超级经典。而《周易·系辞》又是在解说《易经》的著作当中相当权威的一本。所以这句话，就有了很大的权威性和参考价值，以至于被后人无数次引用。

2. 到了黄帝才有了衣裳

《周易·系辞》当中的这句话，告诉了我们一个基本事实。那就是到了黄帝的时候才有衣裳。而这个衣裳，就是上衣下裳。

关于这一点，历史上有很多人进行了阐释，其中最具代表性的是《九家易》：

黄帝以上，羽皮革木以御寒暑，至乎黄帝始制衣裳，垂示天下。

这句话说的是在黄帝之前，祖先们都是穿羽毛、兽皮、树叶等抵御寒暑，也就是简单随便地包裹一下身体，无所谓款式，也没有讲究。

从黄帝开始制作上衣下裳，并向民众示范推行，从此社会变得和谐、有序、繁荣了。

那么，黄帝身为联盟首领，为什么要把精力用在制作服装上面呢？如果按今天的看法，这种做法难免会感觉舍本求末了。但是在古代社会形态比较简单，黄帝面对的问题主要有三个。

一是祭祀天地，祈求上天保佑太平；

二是解决衣食住行问题，让民众生活得更幸福；

三是维持国家稳定，既不受外部侵略，也没有内部纠纷；

图：轩辕黄帝像（明《三才图会》）

而这三个问题并不是彼此孤立的，它们之间往往具有很大的关联性。

3. 黄帝如何解决这样的问题呢？

当然，最直接最具体的方法就是树立天威、建立制度、发展生产、加强军备。这些事情黄帝做了很多。比如在《吕氏春秋·勿躬》记载：

大桡作甲子，黔如作虏首，容成作历，羲和作占日，尚仪作占月，后益作占岁，胡曹作衣，夷羿作弓，祝融作市，仪狄作酒，高元作室，虞姁作舟，伯益作井，赤冀作臼，乘雅作驾，寒哀作御，王冰作服牛，史皇作图，巫彭作医，巫咸作筮。

虽然这样的记载不一定每一项都那么确凿，但有一点是肯定的，黄帝那个时候关注民众生活，并为此做了大量的努力。其中"胡曹作衣"几个字无疑是在告诉后人，那个时代在黄帝领导之下，服装业也得到了发展。而黄帝制作的服装在具有御寒遮体的基本作用的同时，还承载着更为深沉的文化、哲学、宗教等意义和功能。

四、祖爷爷的伟大创意

那么，黄帝是怎样思考上衣下裳这个问题的呢？

1. 乾坤是创意的根源

一般来说，中国人认为《易经》最早是伏羲创造的，伏羲八卦又称为先天八卦。也就是说到了黄帝的时候，乾坤的概念已经存在很久了。所以黄帝的思考结合了乾坤也是顺理成章的事情。按照"黄帝尧舜垂衣裳而天下治，盖取诸乾坤"这句话的说法，黄帝是参考了乾坤两卦设计出了上衣下裳。

关于这件事情，后人同样也做了很多解释。比如在《九家易》当中是这样讲述的：

图：古代帝王像
（山东嘉祥石刻拓片）

衣取象乾，居上覆物；裳取象坤，在下含物也。

衣取乾卦之象，居于上位，有覆盖之态；裳取坤卦之象，居于下方，有包含之能。

类似的解释，同样在皇普谧的《帝王世纪》当中也可以见到：

黄帝始去皮服，为上衣以象天，为下裳以象地。

乾卦最直接对应的事物之一是天，坤卦则是地。也就是说上衣在黄帝的设计当中代表的是天，而下裳代表的是地。于是上下装之分，在祖先那里是天地之分，于是穿着衣裳的人就活在了天地之间。上下装分穿虽然是简单的，自然而然的事情，但祖先却认为从古代兽皮树叶遮身到上下装分穿是一种富有哲学内涵，并且具有划时代意义的事情。

2. 天地玄黄体现在衣裳之上

在黄帝的设计当中，不光上下结构与天地乾坤相对应，色彩也需要对应起来。这件事儿在《后汉书·舆服志》当中交代得很清楚——

乾巛有文，故上衣玄、下裳黄。

这里的巛，读作川，乾巛其实就是乾坤。这句话最终的意思是说，黄帝那时候的设计，把上衣按照天的颜色设计成了玄色，而相对应地把下裳按照地的颜色设计成了黄色。

象征着地的下裳采用黄色很好理解，但是怎样理解象征着天的上衣是玄色呢？其实这件事情说明了祖先们的智慧。因为在祖先看来，有太阳有月亮的时候，天已经不再是本色。所以要等到月亮落下太阳未出的黎明之前，遥望夜空所看见的那种深邃的，有层次有内涵的，黑色里面微微透出一点红的颜色，叫作玄。

玄：幽远也。黑而有赤色者为玄。——《说文解字》

所以玄，虽然非常接近于黑，但不是伸手不见五指的纯黑或者漆黑，而是深邃幽远神秘之黑。

古文经典《千字文》的第一句话是"天地玄黄"，而"天地玄黄"可以说是古代人的世界观。所以黄帝的创意相当于把世界观设计在服装当中，当然是大格局大思路，的确令人佩服！

今天在网上有很多黄帝的画像，把服装画成了黄色。如果按照前面所讲设计理念来理解，就有问题了。不能因为黄帝的称呼当中有个"黄"，

图：西周玉人（山西博物馆藏）

图：铜立人（成都金沙遗址博物馆藏）

就非得画成通体黄色。至少在黄帝头戴冠冕的时候不能这样画，头戴冠冕说明是在极重要场合，极重要场合当然要穿大礼服，而大礼服当然要上玄下黄。

五、垂衣裳何以天下治？

黄帝尧舜穿上这么一套衣裳，社会就变得和谐有序繁荣了，中华民族进入了一个美好时代。这件事情可信吗？

1. 古人的想法

要想理解这个说法，首先需要理解古人的想法。

因为黄帝的创意体现了天人合一，相当于把天地穿在了身上，以及把《易经》当中最经典的乾坤两卦穿在了身上，所以天道得以在人间运行。而黄帝身为首领，因为遵循天道、推行天道，自然就是天理的代言人，所以有资格代表天地来化育万民，也就很容易得到民众的支持。所以这套服装意味着天人合一，替天行道。

当然，这样的想法今天看来太过宏观，因果关系并不那么清晰。但是在古代，天地在人们的心目当中并不仅仅是自然事物，往往带有很强的神秘色彩。人们对天地的敬畏也往往近似于宗教信仰，所以祭祀天地在古代一直是帝王最重要的活动之一。从这个理解出发，可以说黄帝用一套带有宗教意味和神秘色彩的服装，把中华民族带入了文明的大门。而进入了文明大门的中华民族，与之前的蛮荒时代相比，当然是美好的。

2. 垂衣裳的三种解释

在前面说法的基础上，再做一些细致的分析，就会看到"天下治"这种良好效果的取得，还跟"垂"字可能具有的三种含义有关。

第一，有人认为这里的"垂"字是"缀"的意思。

"缀"当缝讲。也就是说，黄帝尧舜的时代，开始缝缀衣裳。这个含义前面已经有类似的解释，不再赘述。

第二，最常见的解释是"垂示天下"。

按照这个解释，黄帝尧舜等古代帝王是穿着这套服装，向天下百姓亲身示范。示范什么呢？除了天人合一的哲学概念之外，还有乾上坤下的政治概念。比如《周易正义》之《韩注》说：

垂衣裳以辨贵贱，乾尊坤卑之义也。

在古代，等级制的建立是一种进步表现，意味着社会有了秩序。虽然后来的封建王朝往往把等级制扩大化，从行政级别扩大到日常生活的方方面面，对民众造成了严重的压制和束缚。但即便是在提倡人格平等，工作没有高低贵贱之分的开明时代，社会依然需要行政级别，在责权的体现上，仍然按照等级进行划分。《韩注》当中所谓贵贱尊卑，在古代是人格与权力和秩序结合的产物。在现代社会，人格上的贵贱尊卑已经废除，但是权力和秩序仍然是维护社会稳定发展的必要保障。

第三，"垂衣裳"约等于无为而治。

"垂衣裳"三个字，按照后人的理解，认为隐含着无为而治的意味儿，接近于垂拱而立，不指手画脚。比如汉代的王充在《论衡·自然》就说道：

垂衣裳者，垂拱无为也。

虽然无为而治是后来由老子明确提出的，但在黄帝的行为当中，似乎已经有所体现。在国家治理层面所讲的无为而治，基本上是采取宽松政策，减少对老百姓的干预。历史也证明在某些情况下，无为而治的确可能取得繁荣社会的效果。比如在汉朝早期的大繁荣时代"文景之治"，主要是因为提倡"黄老之学"的无为而治取得的。

3. 衣食住行，衣字当先

中国有一个成语——衣食住行。民间也有一句俗语——嫁汉嫁汉，穿衣吃饭。无论雅俗，都把衣放在前面，说明了衣在文明社会的重要性。这里的衣是广义的，包含上衣下裳以及鞋帽等其他衣物。

衣，首先与羞耻感相关联。羞耻感是人类文明的心理基础之一。没有羞耻感，也就无所谓道德伦理。人们做任何超越底线的事情都不会觉得难为情，整个社会也就无所谓文明了。

衣，其次反映的是人的文化素养。衣冠整齐、美丽大方，这样的人更容易赢得他人的尊重。

衣，进一步还标示了人在等级社会当中的地位。对于古代社会，服装标示等级是一种直观方式，有助于建立社会秩序。

衣，更为重要的是还承载了哲学思想甚至宗教意识。在东汉之前，中国虽然没有形成现代概念中明确的宗教，但是理性的哲学意义上的天地与感性的神秘主义的天地，很多时候是互联互通的。所以衣所承载的天道，也具有神灵的威力。这对于科学尚未发达的古代，无疑是感召民众的灵丹妙药。

六、上衣下裳的和平气质

黄帝的设计体现了天人合一和无为而治。那么，在这种思想影响之下，传统服装会具有什么样的特点呢？

1. 汉服的典型风格

从天人合一和无为而治出发，服装很显然会以自然、宽松为美。而这样的美感，可以说一直贯穿在大部分传统服装当中，形成了一种典型风格。

比如自然。传统服装跟今天或者西方的服装有一处明显的不同，就是装袖的方式。传统服装，不是在肩头处装袖，而是采用连肩的裁剪方式。也就是说，在肩头没有接缝，也没有垫肩。即使面料幅宽不比今天，但也不在肩部接缝。接缝通常放在肘部。这种连肩的结构，使肩部变得圆润、柔顺，贴合自然。很显然，祖先并不是没有能力做肩部装袖的裁剪和缝纫，这种几乎没有技术瓶颈的事情之所以不做，往往都是出于文化原因。

再比如宽松。在面料的供应相对充足之后，传统服装就变得宽大了。腰身和袖口加大以后，人所受的束缚明显变小。穿着的时候只是简单地把衣襟向右一遮，用带子在腰间一系了事。穿上这样的服装，人们的性情会变得大气、洒脱、平和、温文尔雅。当人们发生纠纷的时候，因为宽衣大袖碍事，一般不愿用粗暴方式解决。所以中华传统服装的和平气质，与西方服装那种棱角分明、靠力量说话、靠性感吸睛的方式具有明显的不同。

2. 衣裳之会的深层含义

在《谷梁传·庄公二十七年》当中有一句话：

衣裳之会十有一，未尝有歃血之盟也，信厚也。

这句话说的是在春秋时期，在齐桓公管仲主导过的会盟当中，其中有十一次可称作"衣裳之会"。而"衣裳之会"与"兵车之会"是相对的。前者是文明友好的会盟，而后者则是严峻对立的武力抗争。

那么，为什么"衣裳之会"是文明友好的呢？

图：汉服风格（《三礼图》《三才图会》）

按照一般的理解，"衣裳之会"就是只穿衣服，不带兵车武器的聚会。如果了解了上衣下裳的产生过程，就会发现这个理解并没有触及本质。因为在春秋时期，祖先们以"上衣下裳"为主流穿着。而"上衣下裤"的游牧民族，虽然今天很多已经是民族大家庭中的成员，但在当时却被视为外夷。从服装性能上看，传统的上衣下裳在作战方面的优势远远不及上衣下裤。所以这里的"衣裳"指的是上衣下裳，如此解读才符合那个时代认为北方游牧民族还未进入文明的基本语境，与衣裳制的和平气质更为契合。

七、衣裳制的千年流变

上衣下裳是古代服装的基本形制之一。而后来，随着社会的发展，这一形制也产生了很多变化。

1. 下裳的长度

社会发展，社会阶层出现。普通民众由于劳作需要，在气候允许的情况下，一般会把下裳做得较短。但是不从事重体力劳动的官员和女人，往往会把下裳加长。当然，下裳的长度也与气候有关。相对炎热的地区下裳自然就短，而相对寒冷的地区下裳自然会长一些。

2. 从裳到裙

虽然裳也是一种裙装，但是在历史上，两者也有一个分合的过程。

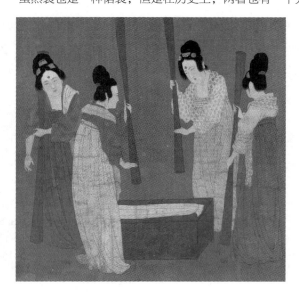

图：穿襦裙的女子（唐张萱《捣练图》局部）

图：穿直裾深衣的孔子弟子曾皙（唐阎立本《孔子弟子像卷》局部）

按照《太平御览》引《释名》当中的说法：

裙，下裳也……又曰：裙，里衣也。古服裙不居外，皆有衣笼之。

这说明历史上曾经有一个阶段，对于裙装有一个基本的区分。把系在衣襟之外的叫裳，系在衣襟之内的叫裙。再后来，则无论穿着于衣襟内外都通称为裙。并且由于后世女裙发展突出，所以"裙"这种称呼最终成为女性的专利。

3. 深衣

上衣下裳最大的变形，就是把上衣下裳缝缀在一起，这样的服装称为深衣。传说中从尧舜时期就开始有了深衣，后来春秋战国到秦汉时期，深衣越来越受士大夫以及文人墨客的喜爱。按照古人的解释，深衣能使身体深藏不露，更显得雍容典雅。深衣是上下连体的服装，制作时上衣下裳单独裁剪，然后再缝缀在一起。这种方式与上下一体裁剪的袍服有所不同。深衣在古代男女皆可穿着，是传统汉服当中非常重要的一款。

4. 袍服和襦裙

既然袍服是上下一体裁剪的，因此可以看作是上衣加长后演变出的款式。相反把下裳加长到胸部，同样演变出了流行多年的襦裙。

上衣下裳的设计，按照《周易·系辞》中的说法参照了乾坤天地。而乾坤和天地，则有阴阳之分。所以上衣属性为阳，而下裳属性为阴。虽然历史上并没有资料详细阐述衣裳在阴阳属性方面如何演变和发展，但后世男人所穿的袍服显然是上衣也就是阳的扩展，而女人所穿长裙显然是阴的强化，由此看来传统服装的变化没有脱离古老哲学的基本轨道。

图：穿曲裾深衣的彩绘木俑（湖南省博物馆藏）

图：古代深衣示意图（依据《三才图会》）

古画袍服示意图（依据《三才图会》）

第二篇：十二章纹

在《尚书》当中记载了一件事情。说的是舜帝跟大臣们谈论如何治理国家。从前后的语境看，应该是在指导他的接班人，也就是家喻户晓的大禹，即后来的禹帝。

帝曰：予欲观古人之象，日、月、星辰、山、龙、华虫、作会，宗彝、藻、火、粉米、黼、黻、絺绣，以五采彰施于五色作服，汝明。

这段话当中的帝就是舜帝。其核心的意思是说，我想把十二种图案用到衣服上。其中前六种彩绘在衣的上部分，而后六种是绣制在衣的下部分。

舜帝所用的十二种图案，后来被称为十二章纹。而这十二章纹，从舜帝开始到清朝覆灭，几乎全线贯穿在帝王的礼服当中。

图：舜帝（明《三才
图会》）

一、令人敬仰的舜帝

舜帝史称虞舜，生于姚墟，名为姚重华，是黄帝的第九代孙。因品
德高尚被尧选为接班人，成为部落联盟首领，被后人尊崇为五帝之一。

1. 孝感天下

舜帝祖上虽然地位显赫，但后世却成为了身份普通的百姓。而且他
的父亲瞽叟还是一位盲人。因为舜帝的生母早亡，所以父亲再婚，跟继
母生了一个儿子，名为象。

按照《世纪·五帝本纪》的说法：

舜父瞽叟顽，母嚚，弟象傲，皆欲杀舜。

意思是说，舜的父亲瞽叟不讲道德，后母言不及义，弟弟象又狂傲
骄横，他们都想杀死舜。按照常理来看，继母和弟弟的态度可以理解，
但亲生父亲为什么也会这么残忍呢？显然在那个时代像瞽叟这种身份卑
微的盲人再婚，家庭地位不可能太高。眼睛看不见真相，妻子又偏袒自
己的亲生儿子，受到蛊惑也属正常。摊上这么个家庭，内心当然很痛苦，
那么舜帝会怎样做呢？

总的来说，舜帝顺从父母不失子道，待兄弟也很友善。想杀他，总
找不到借口。有事情使唤，他却总在身边侍候。所以舜帝早年的生活可
谓艰难。

有一次父亲瞽叟要舜帝挖井，长期处于危险当中的舜帝多留了一个心
眼。他在挖井的时候，特地在井下凿了个隐秘通道以备逃生。果然等舜帝
挖到深处，瞽叟和象合力倾倒泥土把井填实，而舜有幸得以从秘道逃出。

瞽叟和象非常高兴，以为舜死了。于是象跟人炫耀说："这个主意是
我出的。"接下来就开始与父母一起瓜分舜帝的财物，霸占他的妻子。但
即便如此，舜帝脱险之后，仍然孝顺父母，友爱弟弟，并且更加小心。

2. 德誉邦国

舜帝的孝并不是凭空而来，而是以素养做为基础。

第一，舜帝本身就是一个非常善良的人。比如他在耕地的时候不忍
心用鞭子直接抽打老牛，而是通过敲打其他物件来振动老牛，提醒用力。

第二，舜帝也是一位极为重视品德修养的人。因为孝闻天下，所以得

到尧帝身边四位重臣的共同举荐。而尧帝则把他的两个女儿娥皇和女英同时嫁给舜帝，借以观察他到底怎样治家。虽然这种做法今天看上去有些夸张，但尧帝认为寻找一位德高望重的继承人，花这么大代价也是值得的。

那么舜帝表现如何呢？显然，娥皇、女英是帝王的女儿，按常理身上难免有骄娇二气。但是嫁给舜帝之后——

尧二女不敢以贵骄事舜亲戚，甚有妇道。——《史记·五帝本纪》

也就是说她们不敢因为出身显贵而骄傲，不敢怠慢舜帝的亲人，极其遵守为妇之道。

第三，在《礼记·中庸》当中说道：

子曰：舜其大知也与！舜好问而好察迩言，隐恶而扬善，执其两端，用其中于民，其斯以为舜乎！

这段话大意是说：孔子认为舜帝是一个有大智慧的人。舜帝喜欢向别人请教，即使话很浅显，他也会认真倾听，力图发现有利于自己的东西。他包容别人的短处而表扬别人的长处，包容别人的恶言而宣扬别人的善言。研究把握事物的两个极端，采取适中的方法引导百姓。这就是舜之所以能成为舜帝的原因吧！

可见，舜帝的品行与儒家的倡导非常相近，因此说后世儒家受了舜帝的影响，也是有道理的。

那么，这样一位舜帝想用十二章纹表达什么呢？

图：二十四孝故事"孝感动天"

二、以德治国的源头

十二章纹始于舜帝，后来各朝代的用法和解释都有一些变化，但主体保持稳定。在这里不讲各家观点的细节，采用比较公认的说法。

1. 胜任模型

舜帝为什么要在衣裳之上使用这十二章纹呢？因为《尚书》写得非常简约，所以给后人留下了很大的想象空间。比如：

可能一，追求美感。十二章纹含有多种花纹，多种色彩，美是自然的。

可能二，怀念过去。舜帝说"欲观古人之象"，意思是说想看到古人服装上出现的图案。可见，舜帝之前的服装上已经出现了图案，他的设计应该是把十二种已经成型的图案进行了重新整合。

可能三，自我标榜。十二种图案，不仅涉及了天道、神圣、社稷、人伦等人类生活和认识的重大范畴，同时也体现了个人的十二种美好的品行。因此通过十二种图案进行自我标榜，可以产生震慑百姓的效果。

可能四，素质要求。按照《尚书》当中这段记载的语境，是在跟他的接班人大禹谈论治理天下的道理。因此用十二章纹，通过形象的方式要求后世帝王以十二种品行规范自我，同样具有相当的合理性。只有符合这十二种品行，才是一个合格帝王。所以十二章纹按今天人力资源的概念就是一位帝王的胜任模型。

而在今天看来，或许四种可能兼而有之，但第四种可能更符合舜帝本人的特质，也更体现出培养接班人的强烈愿望。

2. 具体含义

《尚书》当中说到的十二章纹，目前得到公认的名称和次序如下：日、月、星辰、山、龙、华虫、宗彝、藻、火、粉米、黼、黻。

其中有一些章纹可以直观形象进行理解，也有一些需要略作迂回才能明白含义。历史上参与解说十二章纹的人很多，比如著名的王安石和苏轼都曾经做过阐述。其中日、月、星辰、山、龙、火六种比较直观，而华虫、宗彝、藻、黼、黻则需要进行一些解释。

华虫：在历史上曾经有人把这个词拆开成为"华"和"虫"，认为是两种事物。但是大多数人还是认为华虫就是雉鸡（俗称野鸡），是凤

图：玄衣纁裳（明《三才图会》）

凰的前身。而雉鸡的羽毛华丽多彩，因此寓意文采昭著。

宗彝：这个图案的解释略为复杂。首先，宗彝是古代用来祭祀的礼器，所以象征着对国家忠对长辈孝。但是宗彝成对出现，并且分别画虎和蜼，其中蜼是一种长尾猴。于是两者又构成了勇和智的统一。这样一来忠、孝、勇、智被统一在一种图案当中。于是有人解释为，以大智大勇来保护宗庙社稷，因此最后还是聚焦到忠孝上面。

藻：藻就是水草，常年经受水的冲刷，因此主要用来象征洁净。

粉米：粉米就是粮食，用以滋养民众。可以理解为把握轻重，关注民生，求实务本。

黼（读作斧）：白刃利斧，象征着刚健果断，雷厉风行。

黻（读作服）：十二章纹当中唯一的抽象符号，也是最难从形象上直观理解的符号。古代学者的解释之一是两弓相背，意思是明辨是非，知错能改。

假如把上面对十二章纹的解释进行凝练和聚焦，忽略一些较为间接的说法，从品行的角度，可以建立如下的对应关系。

位置	章纹	名称	品行	位置	章纹	名称	品行
上衣		日	光明	下裳		宗彝	忠孝
		月	宁静			藻	洁净
		星辰	广布			火	向上
		山	稳固			粉米	务本
		龙	灵变			黼	果断
		华虫	华美			黻	明理

大裘

衮冕

鷩冕

显然，一位帝王的品行如果符合以上的各项要求，自然会得到老百姓的拥戴。因此可以进一步引申为，舜帝提倡的是以德治国，这就与他个人的经历和表现相契合了。

三、等级分明的设计

那么十二章纹到底怎样运用在服装上面的呢？大体上，前六种彩绘在上衣之上，而后六种绣制在下裳之上。

但是，运用的方式远远不只一种。还有场合和级别的区分。

1. 场合的区分

在《周礼》当中提到了六种冕服。这六种冕服是"王之吉服"，也就是举行吉事活动时周王的礼服，分别是大裘冕、衮冕、鷩冕、毳冕、絺冕、玄冕。这些冕服分别用在什么场合呢？

祀昊天上帝，则服大裘而冕，祀五帝亦如之；

享先王则衮冕；

享先公、飨射则鷩冕；

祀四望山川则毳冕；

祭社稷五祀则絺冕；

祭群小祀则玄冕。

祭祀是古代最重要的政治和文化活动之一。祭祀不同的对象，需要穿着不同级别的冕服。而不同级别在衣裳之上首先体现为章纹的多少。虽然每个朝代冕服的种类和纹样数量不尽相同，但大致符合如下原则。

大裘冕——0 或 12 章　　　衮冕——9 或 12 章

鷩冕——7 章　　　　　　　毳冕——5 章

絺冕——3 章　　　　　　　玄冕——1 或 0 章

在周朝的时候，大裘冕上并没有章纹，衮冕上的章纹数量是最多的。天子穿戴的衮冕，虽然服装上从山开始向下共九章，而日、月、星辰三章，则出现在他身后的旗帜之上。

2. 数量问题

一般认为在周以前，帝王身上的章纹数量为 12 个。

到了周朝，制定了六冕制度，虽然周王身上最多只能出现9个章纹，但是加上旗帜上的日、月、星，也构成了十二章纹。

秦始皇统一中国之后，废除了六冕制度，礼服上也就没有了章纹。

汉初承袭秦朝服制，也没有章纹。直到汉明帝时才重新修订了冕服制度，皇帝身上重新穿上了十二章纹。于是从汉明帝开始到清朝结束，无论哪个朝代，皇帝最重要的礼服，永远会有十二章纹，只是礼服的名称、形制、色彩，以及十二章纹的工艺、位置有所不同罢了。

3. 级别的区分

带有章纹的服装，也并不只有帝王一人穿着，其他官员也要按不同级别穿着章纹数量不同的服装。在《后汉书·舆服志》当中对此有过非常清晰的说明。

天子备章，公自山以下，侯伯自华虫以下，子男自藻火以下，卿大夫自粉米以下。

也就是说，天子可以使用 12 章，而天子以下的公、侯、伯、子、男等不同爵位，章纹的数量依次递减。举几个比较熟悉的人物：

宋襄公——公爵。如果按照严格规定，虽然宋襄公在春秋时期称霸不成还被搞得灰头土脸，但毕竟身份是公爵，所以服装上可从山开始出现九个章纹，含有龙在内。只是他身上的龙是降龙，不允许出现升龙。

齐桓公——侯爵。齐桓公虽然是春秋时期的第一位霸主，八面威风，但身份是侯爵，只能从华虫开始穿七个章纹。所以他的身上最多出现华虫，也就是雉鸡，不能有龙。

秦穆公——伯爵。身为伯爵的秦穆公，虽然称霸晚于齐桓公，按规定也可以最高穿着有华虫的七个章纹。

楚庄王——子爵。后来称霸的楚庄王，虽然实力雄厚，但开国国君封为子爵，按规定只能穿藻火以下五种章纹。当然，楚国早在春秋之初就僭越礼制，自称为王，所以服装上也就不必再与周王朝保持一致。

男爵因为封国较小，少有名人。许国和宿国，为男爵国。

图：六种冕服（宋《新定三礼图》）

四、等级划分并非拍脑袋

六冕制度除了以章纹数量体现等级之外，也在冕旒的数量、色彩、工艺等方面进行了体现。但十二章纹的核心诉求并不是用一个简单的数量差别就能说明清楚的。堪称智慧的是，这种划分背后透射出对各级官员的素质要求是经过精心构思的。所以，等级划分并不简单粗暴，也就是说并非拍脑袋拍出来的。

为了方便理解，此处依逆序从卿大夫所穿的低级冕服开始进行说明。

1. 卿大夫的基本品行

按照《后汉书·舆服志》的说法，卿大夫自粉米以下，为什么？卿大夫实际上是诸侯国当中有封地的官员，他们管理着封地上的民众。对于这样的基层官员需要什么素质呢？

粉米、黼、黻。

粉米的寓意是务本，也就是重视农桑。黼的寓意是刚健果断、雷厉风行。而黻的寓意则是明辨是非，知错能改。这三种品行，无疑是最为实用的。显然身为基层官员，相当于现代企业当中的部门经理，有了这三种基本品行，就差不多可以胜任了。

2. 子爵和男爵的基本品行

子爵和男爵虽然爵位低，但毕竟还是一国之君，他们也管理着一定数量的卿大夫。所以，要想把卿大夫们管好，就要超过他们的品行。于是他们需要多两种素质。什么呢？

藻、火。

藻，水草，象征洁净。而火，则象征着热情向上。由此看来，他们除了务本、果断、明理之外，还能做到更加廉洁，更有激情。廉洁，自然会得到广泛的信任，激情就能调动部下的情绪。有了这五种品行，一个小国家，或者说一个小企业，就可以干得红红火火。

3. 侯爵和伯爵的品行

但是，到了侯爵和伯爵这里，事情就变得更复杂了。因为国家的规模大了，卿大夫多了，这个时候就必须懂得文化上的疏导，懂得用礼制管理社会。因此需要增加两种素质要求，于是侯爵和伯爵就需要参照七种章纹来加强自身修养。

华虫、宗彝。

华虫的寓意在于文采昭著，而宗彝在于忠孝。很显然，一个中等国家的君主已经无法再到现场指挥工作，也无法靠个人廉洁和激情赢得上下的支持，他必须靠文化和礼制来影响和管理民众。所以，有文采才能把想法讲得更清楚、更动听；同时推动忠孝，这样才能建立社会秩序，促进社会和谐稳定。

4. 公爵的品行

公爵，是天子之下最高的爵位，所管辖的土地和民众自然也是诸侯当中最多的。所以作为大国之君，在侯伯的基础上，还必须增加两个章纹。

山、龙。

山是稳固的，所以要有坚定的信念、稳定的性格、牢固的社会结构。而龙是灵变的，所以要有过人的智谋，能够如龙一样兴风致雨，解决问题。二者缺一不可。对照今天，这些都应该是一个成功大企业领导人的品行要求。举个例子，今天的马云，首先就是信念特别坚定，其次就是智识明显过人，因此如生活在古代应该可以当好一个公爵。

5. 天子的品行

那么天子要强在什么地方呢？既然是天子，当然就要懂天道。于是就需要有：日、月、星辰。

天道，当然是非常深刻的话题，涉及宇宙运行的基本规律。但是，那个时代天道也可以通过形象的方式获得启示。那么天道是什么呢？首先就是日、月、星辰，出入有常，依照规律运转。其次就是各有职能，日普照万物，注入生长的力量；月以宁静和美安慰人的心灵；星辰遍布寰宇，感应人间变化，做出警示的形态。所以，天子就应该关爱万民百姓，像上天一样，创造一个温暖宁静，不偏离正道的大环境。

可以说，日月星辰是宇宙层面，山龙华虫是邦国层面，宗彝藻火是做人层面，粉米黼黻是做事层面。于是，一位帝王如果能够遵天道、爱国家、会做人、能做事，当然就英明伟大了。

五、十二章纹施于服装的样子

十二章纹到底在服装上怎样运用呢?

1. 《历代帝王图》提供的参考

那么，运用了十二章纹的礼服是什么样子的呢? 目前学者们主要参考的依据之一是唐代画家阎立本的《历代帝王图》。

阎立本（约601—673），是雍州万年（今陕西省西安市临潼区）人。曾在隋唐两代做官，官至唐朝右相。他擅长工艺，多巧思，是一位大画家，代表作品有《步辇图》《历代帝王像》等。

阎立本身为朝廷高官，跟皇帝接触较多，所以他画的帝王，从穿着上应该更有参考价值。《历代帝王图》是现代人了解古代帝王服装的重要依据。

比如这张刘备的画像，虽然无法完整看清楚十二章纹，但肩头的日月两章是清晰可见的。十二章纹的安排，一般左肩为日，右肩为月，以表达肩挑日月的含义。由此也可以感受到古代左为阳，右为阴，以左为尊等思想的影响。

图：刘备像（唐阎立本《历代帝王图》）

2. 《三礼图》

《三礼图》是一部重要历史文献。三礼，是指儒家经典之《周礼》《仪礼》《礼记》。但因文字表达有失准确，所以从汉代学者郑玄开始，不断有人编著《三礼图》，以图注礼，对三礼进行视觉呈现。但是，很多历史文献已经佚失，能见的版本又多有杂错存疑之处，所以由宋代学者聂崇义进行参互考订，纂辑成《新定三礼图》或《三礼图谱》，成为后来研究三礼的重要依据。

在《新定三礼图》中，十二章纹的位置和形态也有所展示。

3. 《三才图会》

《三才图会》又名《三才图说》，是由明朝人王圻及其儿子王思义撰写的百科式图录类书。成书于明万历年间，共 108 卷，同样也是研究古代器物形象的宝贵资料。

在《三才图会》当中，绝大部分帝王都有上身画像。其中一部分帝王的身上有章纹出现。例如秦始皇嬴政、汉光武帝刘秀、汉昭烈帝刘备、隋文帝杨坚等人的画像当中，都有日、月或者星辰、山等章纹出现。

但需要注意的是秦始皇的画像。《后汉书·舆服志》载：

秦以战国即天子位，减去礼学，郊祀之服，皆以袀玄。

也就是说秦始皇在统一中国之后，把礼服做了改变，废除了周朝的六冕之制，各种祭祀活动都穿袀玄。按照后人的解释，袀玄就是一套上下通黑的服装。因此，《三才图会》当中的秦始皇画像即使真实，时间也应该在秦统一之前。

图：穿冕服的皇帝（明《三才图会》）

4. 明代画像和文物

在明代皇帝画像当中，虽然几乎看不到皇帝穿冕服的画面，但是在作为常服的袍服之上，往往织绣了十二章纹。并且也有相应的出土文物，作为实证。

图：明代皇帝（台北故宫博物院）

5. 清朝的方式

十二章纹从舜帝时代开始，绝大部分时期都会出现在帝王的礼服之上，到了明代开始向常服转移。到了清代，干脆废除了冕服，帝王只穿龙袍。这个时候十二章纹的位置和大小都做了调整。

现代人参考《三礼图》《三才图会》等古代图像资料，以及多个朝代留下的文字资料，绘制了这样一张目前被广泛采用的冕服示意图，明确地标示出了十二章纹的具体位置和形态。

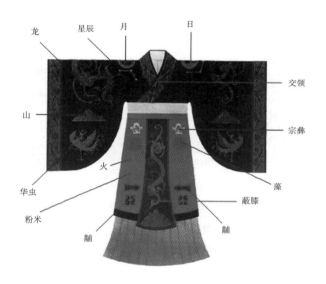

图：现代教材上的冕服章纹示意图

六、古人头脑中的生态系统

解释十二章纹是一件非常复杂的事情。所谓古代官员胜任模型，只是就其中一个范畴进行解释而已。如果仔细考量还会发现，十二章纹其实是古人头脑中的生态系统。

1. 古人的系统观

相比其他国家而言，中国古代最早形成系统观念。比如阴阳五行就是非常优秀的哲思系统，传统中医就是以这一系统分析人体的产物。同样，十二章纹也是一个系统。但是相比起阴阳五行的理论系统，十二章纹则更像一个生态系统。为什么这样说呢？

第一，十二章纹由具体事物构成，而不是由阴阳、金、木、水、火、土等抽象的哲学概念构成。所以它是客观世界和人类生活的形象和直观反映。

第二，十二种章纹之间的关系并不像阴阳五行那样具有明确的生克关系，即便是龙与华虫，虽然看似具有阴阳的属性之分，但是却没有龙凤那种自成体系的紧密关系。

第三，十二章纹就如大千世界，它从物质、精神、自然、社会、客观、主观、制度、文化、能力、心态、材料、手段、工具、文字等多层次多角度呈现了丰富的生活元素，可以说是一个庞大的生态系统。这个生态系统，既推崇天人合一的思想，也隐含着龙凤呈祥的神秘，同时还有道家和儒家的思想体现。如果有兴趣的话，还可以对一部分纹样划分阴阳（日、龙为阳，月、华虫为阴），也可以把一部分纳入五行（粉米－土、黼－斧－金、宗彝－礼器－盛酒－有金有水、藻－水草－有水有木、火－火）。

第四，虽然十二章纹当中含有龙，并且龙也是其中最高的生命体，但是龙并没有从十二章纹里独立出来成为脱离系统的存在。十二章纹是有机的，体现了古人卓越的系统智慧。

2. 系统的局部放大

十二章纹是一个古老的生态系统。系统当中的一些纹样后来经过发展演变，逐渐形成了鲜明的特色。

比如，龙和华虫后来演变成了龙凤呈祥的文化意象。龙的形象在后来被逐渐强化、放大、丰富；而华虫的形象逐渐演化成了凤凰，与龙之间形成了一种特殊的关系。非常有趣的是，龙凤并非同一种类生命，凤也并非这种神鸟当中的雌性，但却被民间分别用于象征皇帝和皇后。这种和谐到底说明了什么？是传统文化的那种超越现实的恢宏格局，还是皇族本身就是对立统一，永远不可能真正合一的矛盾体呢？

再比如，黻这个纹样，是在十二章纹当中唯一一个抽象图案，也可以说它是文字符号的代表。实际上，在后来的运用当中，黻也被用于帝王的衣领，称之为黻领。黻本身是善恶分明，知错能改，这个符号用在领口，可以起到提示帝王，警示臣下的双重作用。

此外，如果留心就会发现，在很多庙宇当中，可以见到黻或由黻变形而成的建筑图案。

第三篇：百家衣观

黄帝的上衣下裳，舜帝的十二章纹，影响了中国传统服装几千年之久。到了周朝，生产能力提高和统治要求加强致使服装的发展开始进入繁荣期。但是周朝的历史是漫长的。八百余年的历史演变，最终贡献给后人一个智慧激荡的百家争鸣时代。在这个时代里，很多先哲也充满热情地参与了服装的讨论。而这些讨论，一直到今天还余音绕梁，不绝于耳。现代人的着装，仍然是在他们所划定的坐标系内的移形换位。

图：周公像（明《三才图会》）

一、周公心中的理想国

要想了解诸子百家对服装的态度，首先要了解周朝初年大的历史背景。那个时候，周武王姬发推翻殷商建立了周朝。他在继承了夏商两代的家天下、世袭制的同时，采用分封制来统治天下民众。而分封到各地的诸侯，来自周武王的宗亲和部分功臣。这种以血缘关系缔结的统治集团固然更为牢固，但也有一个新问题随之而来。那就是姬姓之家是否每一位宗亲都会英才盖世，治国有方呢？当然不会。再大的名门望族，也会有笨蛋和混蛋出现，也会有人到了封地以后束手无策，或者恣意妄为。

为了解决这个问题，周武王的弟弟姬旦，也就是周公，显示出超人的智慧。可以说他采用了现代已经甚为流行的连锁管理的部分思想，建立了一套严格的官员制度体系，用以作为诸侯统治封国的工具。这套体系被称为《周礼》。

那些封得土地的诸侯，按照《周礼》，建设国家机关、地方政府，任命祭祀、治安、军事，以及各类生产官员。虽然不能因此就说周公是法家的开创者，但《周礼》当中的确含有某些法制的成分。

当然《周礼》是"官制"，强调的是等级。与之配套，必然会涉及服装的生产、管理、制作、穿戴规范等。于是，天子以及各等诸侯，王后及各等命妇在祭祀、朝会、兵事、狩猎、接见来宾以及日常燕居当中所穿的冕服、弁服、丧服等，皆有详细规定。于是，就有了今天偶然能够看到，却很难清晰分辨的大裘冕、衮冕、鷩冕、毳冕、絺冕、玄冕、韦弁、皮弁、冠弁、斩衰、齐衰、锡衰、缌衰、疑衰、大功、小功等。尤其是丧礼，在周朝非常看重。参加丧礼首先要理清与逝者的关系，而关系按亲疏划分出了等级，然后再按照等级穿戴丧服，甚至连命妇们的哭丧也要做序位管理。

在那个时期能够有这样的创造，已经屹立于时代的思想高峰，所以周朝有了将近四百年的稳定和繁荣。

但是，用今天的眼光不难发现，这样的统治制度，也会面临如下一些问题。

第一，随着时间推移，诸侯国与王室之间的血缘关系会越来越远，感情趋于冷漠，宗亲的凝聚力大打折扣。

第二，各诸侯国发展出现不平衡，经济水平和军事能力拉开了距离。

以上两条原因，足以产生个别僭越现象，某些诸侯国开始不服从王室的号令，拒不纳贡。

第三，《周礼》的服装规范虽然严格，但忽略了一个基本问题。服装不仅仅是统治工具，还是人类审美的载体。当按《周礼》穿戴四百年之久，所积累的审美疲劳，也足以让人产生突破的冲动。所以在王室威信日益衰落的情况下，人们对服装的重新思考也就开始了。于是，诸子百家纷纷登场。

二、老庄的被褐怀玉

虽然传统服装是黄帝天人合一和舜帝等级分明的结合体，但是《周礼》的出现，使得这种结合的天平严重倾斜。等级分明成为最为重要的追求。如前所说，即便是在丧礼当中，也要把等级与血缘远近联系起来。

但是，等级制毕竟不是社会生活的全部。并且黄帝的设计也是依据了深邃的哲学思想。当被挤压到边缘地带，也会有反弹的力量开始聚集。终于在进入春秋诸侯争霸、礼崩乐坏之际，出现了一位令后人高山仰止的伟大先哲老子。他提出的着装观念，与黄帝、舜帝、周公皆有不同。

1. 被褐怀玉

如果从黄帝天人合一和无为而治出发，服装很显然会以自然、宽松为美。这种美感一直贯穿在大部分传统服装当中，形成了连肩、宽衣、大袖的典型风格。但是对老子而言，这还不算到位。他进一步提出自己的主张：

是以圣人被褐而怀玉。 ——《道德经》

被褐怀玉就是老子独特的着装理念。圣人穿着粗布衣服，怀里揣着宝玉。也就是说老子其实崇尚的是质朴、本真、天然，而反对通过华美的服装修饰自己。身上穿什么衣服根本无所谓，只要怀中有那块玉，即有高境界和大智慧，这样的人即使穿着粗布短衣，也会受到尊重。

老子的理论，也确立了老子的形象。假如现代人画一张老子的画像，显然会有一个相通的风格。一般来说大部分人都会把他画得头发稀疏，满脸皱纹，眉毛眼皮耷拉着，腰也挺不直了。身上的衣服简简单单，既没有讲究的花纹，也没有美丽的色彩。但是，老子说了这不重要。果然，只要一说画的是老子，人们都会肃然起敬。为什么呢？因为他是圣人！简单、

图：宋法常《老子图》

图：庄子像（明《三才图会》）

原始、粗糙、随意的服装，丝毫不影响他的价值，反而更能衬托出他的高度。

2. 庄子的装与不装

老子的思想，后来在庄子那里就变成了非常现实的举动。虽然庄子姓庄，但是他做人做事却一点儿都不"装"。

首先，他自己就穿得非常简朴，甚至看上去很寒酸。这是因为他认为外在的美丑并不能说明内在的品质，装是没有用的。同时也是因为庄子自己不装，所以也不喜欢装的人。在《庄子·田子方》当中有一段庄子和鲁哀公的故事。虽然历史上庄子和鲁哀公这两个人物在世的时间对不上号，但这个故事对庄子着装观念的说明却是较为贴切的。

庄子拜见鲁哀公。鲁哀公说：鲁国多儒士，但很少有信仰先生道学的人。

庄子说：其实鲁国儒士很少。

鲁哀公不服气了，说：鲁国很多人都穿着儒士的服装，怎么说儒士很少呢？

庄子说：我听说，戴圆帽的人知天时；穿方鞋的人熟悉地形；用五彩丝绳系着玉玦的人善于决断。有学问有本事的君子不一定要穿儒士服装；穿上儒士服装，不一定有学问有本事。你如果不信，就在国内发个号令试一试。就说：没有儒士的学问本事而又穿着儒士服装的人，逮住就杀！

鲁哀公也挺较真，真的发了号令。五天下来，鲁国几乎没人再穿儒士服装。

只有一个人还敢穿着儒士服装立于朝门之外。鲁哀公唤入并向他咨询国事，无论多么复杂的问题都能流利作答。

庄子看罢说：鲁国这么大，只有一人儒者嘛，怎么能说是很多呢？

3. 被褐怀玉的影响力

后来，被褐怀玉，不断被放大和夸张。比如八仙当中就有几位不修边幅衣衫褴褛之人。甚至不仅仅道家，就连佛教的济公也采用了同样的套路，"鞋儿破帽儿破，身上的袈裟破。"但即便如此，这些艺术形象仍然很受欢迎。

那么，老子的被褐怀玉，孔子是怎么看的呢？这个问题是孔子的学生子路提出来的，似乎有难为孔子之嫌。孔子怎么说呢？

国无道，隐之可也；国有道，则衮冕而执玉。——《孔子家语·三恕》

说如果国家是混乱的，穿成这样去隐居也可以。如果国家理顺了，这样的人就应该穿戴庄重地执掌权力。

可见，孔子对老子并没有否定，过隐居生活与世隔绝当然可以随心穿着。但是，孔子也没完全认同老子。那么孔子为什么这样想呢？

三、孔子的文质彬彬

孔子是春秋时代的礼仪大师，服装问题属于他的专业范畴。因此孔子也会提出自己的看法。由于历史上儒家受推崇的时间更长，力度更大，所以孔子的着装观念对中国社会的影响也是最大的。

1. 文质彬彬，然后君子

孔子有一句话是这样说的：

质胜文则野，文胜质则史。文质彬彬，然后君子。——《论语·雍也》

孔子心目当中的理想人格就是君子。关于君子他说过不少话，比如"君子坦荡荡，小人长戚戚"，再比如"君子和而不同，小人同而不和"。那么，孔子的这段话什么意思呢？

其实孔子的话往往适用于很多领域。如果从服装的角度切入进去，则可做如下解释。质是本质，文是打扮，一个人的本质好但不会打扮，就显得粗糙了；本质差但很善于打扮，就显得虚假了。只有本质和打扮配合恰当，才能算作是君子。

图：八仙中的蓝采和、铁拐李、汉钟离（明《三才图会》）

图：清代孔子行教像

2. 文胜质和质胜文

有这么一回，孔子的学生子路来听课，穿得非常华丽。子路的性格比较粗也很耿直，估计他知道孔子很在意服装问题，所以可能想穿得华丽一点以博得老师的赞许。但是，出乎子路意料的是孔子却做了这样的点评。

他说：子路啊，你为什么要穿得这样华丽啊？子路不懂啊，他就打了个比方。说你看啊，大江是从高山上发源的吧？在源头那里把酒杯放在水上都可以稳稳地顺水漂流，酒也不会洒出来。但是到了下游，如果不用船，不注意风向，就无法渡过。这是什么原因啊？不就是因为下游的流水太多太泛滥了吗？

今汝服既盛，颜色充盈，天下且孰肯谏汝矣？——《荀子·子道》

你今天穿得这么华丽，脸上还得意洋洋的，天下还有谁愿意跟你接近，对你说真话啊？子路一听明白了，自己穿着这么华丽，就仿佛处在了江河的下游，太泛滥了，的确不好，赶紧回家换了一身正常的服装。

从这件事情当中，我们看到孔子好像是反对学生穿着华丽的。看来文胜质孔子是不喜欢的。但是，在另外一个故事当中，孔子则表达了对质胜文的态度。

据《说苑·修文》记载，孔子曾经带着弟子去访问子桑伯子。

子桑伯子是一位德能很高的隐士。所以他也跟老庄的观念相合，对穿着打扮、接人待物就不太讲究。那天既没戴冠也没穿待客的衣服。

孔门弟子们看见有人对自己的老师不礼貌，心里就不高兴了。回来的路上就说了：老师啊，你为什么要去见这样一个人呢？

孔子曾经说过被褐怀玉做隐士是可以的，所以孔子并没有生气。但他还是希望这个人能够给社会带来更多益处，这也是孔子的理想。因此他说：这个人质很美但是没有文，也就是德能不错，但不注意形象。所以我要说服他，使他文一点，这样就完美了。

从这两件事儿就看出来了，孔子所提倡的文质彬彬其实是一种中庸的态度，也就是两边都不过头。这样为人处世穿着打扮，会得到社会上大多数人的认同，所以后来成为中国社会最普遍的审美标准。这个标准不是单纯讲究美感，也不是单纯讲究实用，而是强调从内到外的综合修炼。文质彬彬对后代的影响力太大了。被褐怀玉是圣人的境界，只能是少数精英去追求；而文质彬彬则适合大众去追求。

3. 忘不了的等级

到孔子的年代，上衣下裳、十二章纹、六冕制度都已经形成了。所以在建设官服体系方面，比如款式、色彩、花纹、配套等，孔子没有多下功夫。他的功夫主要是下在维护这个体系上面。

有一回孔子生病了，国君来看他。那么他怎么做的呢？

疾，君视之，东首，加朝服，拖绅。——《论语·乡党》

孔子生病了，而且病得不轻，已经无力起床。如果是头疼脑热小感冒，国君也不一定会来看他。但是国君来了，以孔子对礼的强调，必然想表达尊重。怎么表达呢？实在起不来床，就换个方向，于是头朝向东。这个朝向在礼仪当中，本身就含有对国君的尊重。但是，尽管方向对了，总不能穿着家居服面对国君吧？于是，他就让人把朝服盖在身上，还拖着长长的绅带。朝服绅带，都属于官服体系，自然显示出与国君服装的等级关系。而讲究等级差别，是儒家思想的重要部分，文质彬彬首先不能违背这个大原则。

所以孔子留给后人的印象难免是中庸的和复古的。

四、墨子的行不在服

孔子提倡的文质彬彬，是对《周礼》的一种补充。说到底，他还是支持等级制，主张恢复《周礼》当中包括服装在内的各种行为规范的，因此很难脱离复古的基调。所以他的观点在之后的墨子看来，好像是荒诞不经的。

1. 仁义与古服无关

墨子在他的《墨子·非儒》篇当中，对此做了很不客气的剖析。

儒者曰：君子必古言服，然后仁。应之曰：所谓古之言服者，皆尝新矣。而古人言之服之，则非君子也？然则必服非君子之服，言非君子之言，而后仁乎？

墨子这段话说的是，那些儒者说君子必须说古话穿古衣，然后才能称得上仁。我对此的回应是，所谓古话古衣，也都曾经是当时的新东西。古人说了穿了，难道就不是君子了？这样说来，岂不是他们必须穿那些非君子的服装，说非君子的话，然后才成为仁者吗？墨子娴熟地运用了归谬法使他的论辩产生了说服力。

由此看来，墨子首先不赞成复古的服装。

2. 作为与服饰无关

在《墨子·公孟》当中有这样一段描写。

说公孟子戴着章甫之冠，一种礼帽，腰插笏板，穿着儒服前来会见墨子。他问：君子是先穿戴某种服饰，然后才有某种作为？还是先有某种作为，再穿戴某种服饰呢？墨子听了以后回答说：

行不在服。

就是一个人的作为跟服饰没有关系。这句话虽然是在回答公孟子作为和服饰之间谁先谁后的问题，但又拔得更高放得更远，似乎在反对孔子的"文质彬彬，然后君子"了。因为，孔子的答案似乎应该是作为和服饰相互配合才能算作君子。

那么，墨子这样说有什么依据呢？他说：过去齐桓公、晋文公、楚庄王、勾践等四位厉害角色，他们的穿着打扮还有手里的武器都不相同，但是他们都把国家治理得很强大，他们同样都是有作为的人。因此作为跟服装没什么关系。

听了这话，公孟子说：说得太好了！我听说让好事停下来是不吉利的。所以请等我丢了笏板，换了帽子再来见您，可好？

墨子说：咱们还是这样相见为好。如果您一定要丢了笏板换了帽子，然后才来见面，岂不是说明作为果真跟服饰有关了？

3. 服装必须实用

那么，墨子到底主张什么呢？在《墨子·辞过》当中，非常简明地说了他的想法。

古圣人之为衣服，适身体、和肌肤足矣，非荣耳目而观愚民也。

这句话的意思就是，圣人制作服装只追求合体，舒服就够了，并不是为了炫人耳目蒙蔽他人的。所以，唯用是尊，是他最为鲜明的着装观念。

墨子的类似言论，也曾出现在其他人所著的文章当中。比如汉代刘向就在《说苑·反质篇》当中讲了一段很好玩的对话。

说有人问墨子，绫罗绸缎给你，有用吗？

墨子说，我不喜欢，不是我想要的东西。

为什么这样说呢？他开始举例。说假如今年是灾年，有人想给你名贵的珠宝作为美饰，但不许卖掉。同时又有人可以给你一批粮食。但是珠宝和粮食不可兼得，你会如何选择呢？那人说，我当然是要粮食了。

到这里，墨子似乎赢得了这次对话。

按照现代人的眼光，墨子的言论也只对了一半。服装的确要以实用为根本，但也不能否定它的审美意义。所以墨子的观念适合于贫苦时代的贫苦百姓，从这一点认识墨子，才能正确理解他的基本立场。在之后的两千多年里，可以说生活在最底层的民众，其实也只能唯用是尊。

五、屈子的志洁物芳

但是，如果墨子在天有灵，就会知道真正跟他对立的不是孔子，而是比他晚了一百年的屈原，屈子。

1. 屈原的美服

屈原出生在楚国，是一位著名的爱国诗人。他的作品《涉江》开篇就说了这样一句话：

余幼好此奇服兮，年既老而不衰。

我自幼就喜欢奇特的服饰，即使是年纪大了，这种爱好仍然没有改变。很多人也是因为他的这句诗，把他划入到了奇装异服的爱好者行列。

但实际上，屈原所谓的奇服，只是与当时的着装习惯略有不同而已，并不是单独地为了标新立异，哗众取宠。相反，他所展示的奇，都是具

图：屈原像（清《古圣贤像传略》）

有坚实内涵和明确追求的，严格地说是"美服"。比如——

他所谓奇服的第一个特点就是帽子很高，有一种"对此欲倒"的巍峨之态。按他在《离骚》当中的说法，无论是血统、生辰、名字、品格等，他认为自己已经达到了这样的高度。有这样的高度，戴这样的高冠，不正符合文质彬彬的倡导吗？

他服装的第二奇就是用红花绿叶制作衣裳，看上去美不胜收。战国时期的男子，衣服上有花纹并不奇怪。屈原的不同是把红花绿叶直接缝在了衣服上。而屈原这样做，其实是为了推行他的政见。因为他把自己的政治主张命名为"美政"，而提出美政的人，首先要给人以美感才会有说服力。说白了，这样穿衣就是为了得到政治盟友的支持。

第三奇则是用香草作为披肩和配饰，沁人心脾，令人陶醉。其实这对于屈原来说非常重要。高度和美丽，世人可以不看，但气味无法不闻。这样做的目的无外乎是为了得到赞许。可以说这种赢得赞许的心理需要，显然是他写诗的动力，从政的动力，自我完善的动力。这才是诗人的思维。

当然，屈原的心愿最终并没有达成，于是他到汨罗江找到了归宿。

2. 司马迁的点评

但是，屈原并不是思想家。尤其在服装领域，更没有提出过主张，也没论证过道理。他只是用诗歌描述了自己的穿着。也许描述是真实的形象，也许只是想象或者比喻而已。

在差不多200年以后，司马迁在《史记·屈原贾生列传》当中对他做了一句点评，很多人认为直指本质，因此认为他是屈原的知音。他说：

其志洁，故其称物芳。

也就是说因为他怀有高尚纯洁之志，所以他用美丽芳香之物来表达自己。在这句话里出现了两个关键字，志和物。从服装的角度说，志和物是两大主要构成要素。志是内涵，物是外延；志是情感，物是形象；志是意义，物是表达。由纯洁高尚之志，所驱动的美丽芳香的表达，显然达到了和谐统一。志洁和物芳构成了屈原服装的两大要素，也成就了他卓尔不群的美感。

于是，后人用"香草美人"来代指忠君爱国的纯真思想和美好的政治制度。

图：司马迁像（明《三才图会》）

3. 屈原的身后站着谁？

屈原对美的追求，因为他的名声使后人得以了解。实际上追求服饰之美无疑是人类的天性，但在诸子百家当中却几乎没有人研究。于是，屈原就在无意之间充当了这样一位代表人物。

服装的审美，本是不可或缺的部分，但是春秋战国时期的地位却是卑微的。墨子以坚决的态度直接批判；老子则提出其他主张间接否定；孔子则从社会秩序伦理道德角度谈论服装穿着的规矩。而对独立于哲学、宗教、政治、道德之外的视觉之美，却很少得到关注。所以，两千多年前的那场大论战，留下了传统服装美学话题未作讨论。

但是，美总是自发的、普遍的，不需多言也会有无数的人为此用心。所以屈原代表的其实是最广大的群体，并且也是最为持久的精神追求。即使是墨子所代表的贫苦百姓，一旦具备了条件，这种精神也会以旺盛的状态呈现出来。

六、诸子百家的坐标位置

服装永远都有自然倾向和社会倾向，都带有实用价值和审美价值。

墨子的唯用是尊，其实是服装的最为基础的功能。没有这个功能，其他所有的倾向和价值，都是空中楼阁。

老子的被褐怀玉，带有深刻的自然倾向。对社会的等级制度，审美标准，一概置之不理，强调的是我行我素的出世态度。

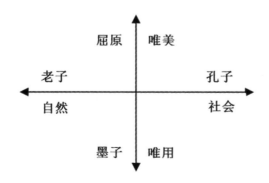

孔子的文质彬彬，则带有强烈的社会倾向。致力于让每个不成熟的人，通过品德的修炼，最后成为受社会欢迎，装束得体的人。

屈子的志洁物芳，当然是对服装审美的一种诠释。但是他的美服，其实仍然与政治与情操有直接瓜葛，并没有回答服装审美的各种命题。但是，他无意之间却触碰到了一根敏感的神经。为此后人在这个问题上毁之、誉之、开脱之。但是，当人类发展到不用再为御寒遮体而忧虑，当哲学、宗教、政治、道德主导服装的观念退潮之后，视觉审美便成就了服装的大部分意义。

古代这几位可敬又可爱的老人家各执己见，他们的争论就仿佛发生在昨天一样真切，并且仍然影响着现代人的思考。所以如何清醒地发现每位老人家思想的价值，并在头脑中把他们放在不同的坐标位置，进而能够站在俯瞰的高度去吸收古代智慧的精华，是我们今天理解传统服装文化的重要问题。

也只有这样，才能真正超迈古今，成就中华服装的新高度。

第四篇：织女传奇

中国古代有一个美丽的神话，讲的是牛郎织女的爱情故事。故事当中，牛郎渴慕天仙织女的贤良和美丽，在老牛的指点下如愿以偿，与织女结为夫妻过上了男耕女织的田园生活，育有一儿一女。但织女毕竟是仙女，违反天条的行为很快受到了惩罚，王母强令她与牛郎分开，并用金钗在两人之间划一条银河作为阻拦，只允许一家人七夕相会。

一、家喻户晓的神仙织女

牛郎织女的故事千年流传，家喻户晓，魅力巨大。那么，巨大魅力从何而来呢？织女的故事与现实生活又有怎样的联系呢？

1. 他们的来头太大了

牛郎就是天上的牵牛星，而织女则是织女星。所以在《诗经》里就有一首诗说到：

维有天汉，监亦有光。

跂彼织女，终日七襄。

虽则七襄，不成报章。

睆彼牵牛，不以服箱。

——《诗经·大东》

这几句诗是什么意思呢？说天上三角形的织女星，每天都穿梭七次，虽然不停穿梭，也不见她织成了什么。而牵牛星呢，虽然也很明亮，但是却没法用来拉动车辆。很显然，这首诗似乎在说牛郎织女占着位置不干活。那么，他们为什么不干活呢？到了汉代，有人做了交代。在《古

织女

图：织女像（《百美新咏图传》）

诗十九首》当中，有一首诗这样写他们两位。

迢迢牵牛星，皎皎河汉女。

纤纤擢素手，札札弄机杼。

终日不成章，泣涕零如雨。

河汉清且浅，相去复几许。

盈盈一水间，脉脉不得语。

这首诗的意思是，织女虽然每天都在织布，但工作得很没成效。之所以没有成效，就是因为思念河对岸的牛郎。但是，她为什么思念牛郎呢？她的思念是合情合理的还是见异思迁呢？后来有人解释二人为夫妻关系，所以相互思念是名正言顺的。

于是，牛郎织女就由星宿变成了夫妻。

2. 他们是民众的代言人

仔细想想，这两位神仙的名字——牛郎、织女，显然不是真实姓名，只是他们的职业而已。但是这个名字放在男耕女织的社会，几乎就是所有民众的代言人。因此，这两个人的故事，就是老百姓自己的故事。

其实，这个故事，抓住了老百姓的普遍心理。比如：

第一，所有男人都希望娶一位身份高贵、貌若天仙、心地善良、心灵手巧的女人，"癞蛤蟆想吃天鹅肉"，其实是对美好生活的向往，无可厚非。

第二，故事当中既有牛郎织女的爱情，又有母子的亲情，还有老牛和牛郎的友情，这些都是民众生活中的主流情感，三种情感同时发动，想不感动都难。

第三，牛郎织女的故事，有打破门第观念的深层寓意。但显然这种突破常规的事情，必然会遭到惩罚。于是天庭就降罪了。这个天庭，虽然是神话，但却是皇庭的现实意象。而皇庭给老百姓的印象是森然可畏的。所以老百姓没做过多指望，只要求把团聚的时间缩短为一天。可以认为这是老百姓希望皇庭能够网开一面，给老百姓一点盼头。

3．情人节和乞巧节

大多数中国人知道七夕是传统意义上的情人节，但未必知道同一天

图：丁关鹏（清《乞巧图》局部）

里织女还跟中国女人一起过另外一个节日，乞巧节。民女们趁着织女下凡鹊桥相会之际向织女求教，学习更高超的纺织和缝纫技术。

从各种传说当中透露出织女至少有两种超人的能力。一是十天能织绢百匹；二是她缝的衣服天衣无缝。这两种神技民女当然渴望学习。

汉代开始就有记载，民女们每到七夕就去一个名叫开襟楼的地方，参加穿七孔针比赛。谁穿得最快，就证明织女给她传授了神技，会得到奖励。

此外，还有另外两种形式来进行比赛。

其一是七夕那天各自抓一只蜘蛛放在小盒当中，到第二天早上打开。谁的蛛网织得密，谁的手就会变得更巧。

其二是在七夕那天白天，盛一碗水放在太阳下面，把小针投到水面上，然后观察碗底的针影，谁的影子像花朵、云霞、鸟兽，或者缝纫工具，就说明谁得了织女的真传。总之，这些玩法的目的就是为了让女人提高女红技术。

织女的传说，按照目前的情况看起源之地主要集中在北方。但是它的流传范围却是整个华夏，甚至影响到日本、韩国、越南等周边国家。她是一位生动、丰满、立体的神仙。

二、聪颖美丽的先蚕娘娘

神话是现实生活的升华。神仙织女无疑凝聚着无数人间织女的精神和情怀。而人间织女的故事，同样也是精彩纷呈。

　　神仙织女的能力非凡，但是她到底织的是葛布、麻布还是丝绸，这件事儿神话里并没有清楚交代。但是，中华民族最大的纺织成就是丝绸，所以站在丝绸开端的人物更值得大书特书。而这个人物，就是人文初祖黄帝的神仙眷侣，中华民族的伟大祖先之一，嫘祖。

1. 嫘祖的丝绸故事

司马迁在《史记·五帝本纪》当中说：

黄帝居轩辕之丘，而娶於西陵之女，是为嫘祖。

嫘祖是黄帝的元妃，俗称大老婆。刘恕在《通鉴外记》当中也说：

西陵氏之女嫘祖，为黄帝元妃，治丝茧以供衣服，后世祀为先蚕。

也就是说嫘祖因为善于治丝茧，对服装制作有重大贡献，所以被后世称为先蚕，或者先蚕娘，先蚕娘娘。《中国丝绸文化史》（作者：袁宣萍、赵丰）也指出历代官方都承认嫘祖是蚕茧丝绸的创始人。

　　但是她是如何发明了丝绸？又是如何嫁给了黄帝的呢？具体过程历

图：黄帝元妃嫘祖（居中者）（明《三才图会》）

史上没有文献说明。在中国文化发展出版社出版的《解读天中》当中，记载了这样一个故事，写得入情入理，可以为现代人打开想象的空间。

嫘祖小时候，跟母亲上山采野果，她发现有种树上挂有许多白色的小果果，就问母亲那是什么果子？一个小女孩，有好奇心，对食物感兴趣，非常正常。母亲说那不是果子，是天蚕老了做的窝，叫茧，不能吃。为什么不能吃呢？因为嚼不烂。神农尝百草，在那个时代，对蚕茧能否作为食物，祖先应该是做了尝试的。但是聪明的嫘祖却想，嚼不烂好办呀，用水一煮不就可以吃了吗？于是就采了一筐蚕茧，回到家中倒进锅里用水煮，并且还用小木棍翻搅。

成人受经验束缚，孩子却有探索精神，于是见证奇迹的时刻就到了。

搅着搅着，木棍上带出了许多白色的细丝来，越搅越多，越拉越长。仔细观察，这些细丝原来是从蚕茧上抽出来的。嫘祖赶紧拿给妈妈看，这样就有了后面蚕茧丝绸业的蓬勃发展。

2. 嫘祖是怎样嫁给黄帝的？

按照上面的故事，嫘祖自己创新出这门技术。而当时身为华夏联盟首领的黄帝因为要解决衣食住行等诸多问题，恰好急需这样的技术。在人类漫长的进化过程中，这种发明创造是可遇不可求的，所以黄帝娶嫘祖有历史使命的需要。但如果仅仅如此，黄帝就显得太过功利了，构成婚姻的条件还不充分。所以，民间还有一段浪漫的传说。

黄帝当时住在有熊，与西陵氏是近邻。有一年西陵氏把嫘祖织出的丝绸敬献给黄帝。看见这么好的面料，黄帝肯定是又惊又喜，所以就带着随从到西陵参观学习。这个说法，很符合黄帝当时的动机，起初的确是有功利目的的。

但接下来，人们希望看到的浪漫情节出现了。嫘祖热情地接待了黄帝。黄帝年轻、帅气、智慧，有巨大成就，名闻天下；而嫘祖貌若天仙，亭亭玉立，再身穿丝绸，恰似仙女一般。所以两人一见钟情，黄帝向嫘祖求婚，嫘祖就成了黄帝的元妃。

于是，两位伟大人物的婚姻，有了人品、能力、贡献与名望的匹配，也有了美好、浪漫、合乎人性、激荡人心的过程。完美！

后来，嫘祖开始负责推广养蚕缫丝的技术，所以全国有很多地方都有嫘祖的传说，并且一直到现在还有祭祀嫘祖的活动。目前，在全国东南西北广大地区有十几处宣称为嫘祖故里。虽然嫘祖只能在一个地方出生，但也许是因为她推广范围广大，才导致了这样的现象。而通过现代考古，已经在山西夏县出土了5500年前人工切割过的半粒蚕茧，在浙江吴兴钱山漾遗址又发现了距今4700年的绢绸残片，其1厘米之内的经纬数量已经达到48根。嫘祖生活在距今大约5000年前，从时间线索出发说她在那个时代发明了丝绸，至少在大背景之上是确凿可信的。

织女和嫘祖，可以说是中华纺织文化当中最重要的两个人物。她们一神一人，互相呼应，一位是灵魂的感召；一位是血脉的传承。

三、善良贤惠的先织娘娘

嫘祖以她的聪颖、美丽、勤劳而流芳百世。但是就在她的身边，还有一位后人不应该忘怀，但却常常忽略的重要人物。这个重要人物的名字叫嫫母。

1. 中华第一丑女

按照史料记载，嫫母也是黄帝的妃子，排在第四位。虽然嫫母没有嫘祖那么著名，但是传说中她有一项发明却在现实中随处可见，就是镜子。爱美是女人的天性，所以镜子由女人发明并非奇怪的事情，但是发明镜子的嫫母却是中华第一丑女，这就难免让人觉得匪夷所思了。

按照唐代《雕玉集·丑人篇》中的说法：嫫母——

锤额蹙颚，形簏色黑，今之魁头是其遗像。

锤额，额头像锤子一样，民间说法就是大奔儿头！蹙颚，下巴很短；同时体态臃肿像个簏子一样；而且皮肤黢黑，后世用来打鬼驱疫的面具，就是按她的样子做的。

但有德，黄帝纳之，使训后宫。——《雕玉集·丑人篇》

也就是说，嫫母虽然长得难看，但品德高尚，黄帝娶了她，让她来管理内宫人员。

伟大的黄帝居然娶了中华第一丑女！

具体的过程现在已经不清楚了。但是黄帝能够娶第一丑女，至少说明他的爱情观与众不同，他的个人修养远远高于后来的很多帝王。黄帝娶妻并不只关注容貌好坏,最关注的还是人品。因此人们对黄帝又多了一份敬仰!

2. 嫫母的贡献

那么嫫母在服装方面有什么贡献呢?在零星的史料和传说当中可以发现,嫫母和嫘祖的关系很好,所以嫫母在辅助嫘祖养蚕缫丝纺织丝绸的过程中,发现她太过劳累,因此发明了一些简单的机具,来帮助嫘祖提高效率。

在郑州黄帝故里的展厅当中介绍说嫫母因改进纺织工具,被后世祀为"先织"。"先织",同样也可以称作"先织娘""先织娘娘"等。

那个时代,男人耕地和征伐,女人则在家里织布并照料子女。嫫母既然负责内宫管理事务,那么她辅助嫘祖工作,让内宫人员在丝绸纺织当中发挥更大作用,的确是情理之中的事情。

所以,嫫母虽然不具备神仙织女的美貌,但两者间的善良、贤惠、聪颖,却有共通之处。

四、大爱天下的先棉奶奶

宋代人口大增,丝绸葛麻已经无法满足民众着装需求,此时棉花进入中国,并开始在边缘地区种植。但是中国人向来擅长丝织,突然面对棉花则表现得手足无措,只能以原始方法加工处理。这个时候特别需要有人去承担棉纺技术引进的使命。于是天降大任,一个里程碑式的人物出现了。她就是宋末元初的棉纺专家,黄道婆。

1. 浪迹天涯的单身女子

但是,天将降大任于斯人也,必先苦其心志,劳其筋骨,饿其体肤,空乏其身……

按照《中国染织史》的说法,黄道婆出生在上海松江乌泥泾,十二三岁就给人家当童养媳,后来因为受不了公婆和丈夫的虐待而逃出家门。

那个时代,一个没文化没背景的女人面对夫家的虐待,大部分会选择忍气吞声。但是黄道婆却选择了一条看不到希望的逃生之路。她逃到了崖州，就是今天的海南岛，住进了道观。黄道婆的名字由此而来。

　　武侠小说读多的人，也许认为这种浪迹天涯的滋味就像现代流行的穷游一样，会很刺激。尤其还住在道观，更像是金庸老师笔下的故事。但是，黄道婆不是身怀绝技的黄老邪，那个道观也不是铁枪庙。那里也没有梅超风，更没有靖哥哥。黄道婆的日子肯定不会好过。

　　黄道婆在海南生活的时候，到底发生过什么，今天已经没有细节可考。只知道她是在黎族姐妹那里学会了纺棉技术。那个时候各民族习俗差异巨大，语言不通。那么她是怎样沟通的？怎样被人接受的？技术达到了什么段位？如果能穿越到过去，相信都是血泪斑斑的故事。

图：黄道婆像

2. 学成归来的先棉奶奶

三十年以后，黄道婆回到了上海。就像是到海外留学带回先进技术一样，黄道婆带回了当时最需要的棉纺技术。现在把留学回来的人叫海归，其实黄道婆也算是"海归"。虽然她不是从海外归来，只是从海南岛归来。但那时从海南归来可能远比今天从海外归来还要艰难得多。

但也许是受了道家的影响，也许是不为人知的其他原因，黄道婆变得心胸豁达，甘于做彻底的奉献。似乎她的生命在天涯海角经过了一次涅槃。

黄道婆改进了捍、弹、纺、织等工具和机械，并且在配色和织花两方面技高一筹。她所织出的花布"粲然若写"，鲜艳生动，就像是画上去的一样。最为惊人的是她把三十年里学到的技术广泛传授。以她的实力办不了职业学校，那个时候也没有专利、品牌和连锁的概念。在一个教会徒弟饿死师傅的年代能把手艺倾囊相授，这种高度即使现在又有多少人能达到呢？所以黄道婆的奉献与神仙织女每年七夕向民女传授技艺，恰恰又是一种高度的神似。

黄道婆去世以后，松江府一度成为全国最大的棉纺织中心。"松江布"有"衣被天下"的美称。今天上海纺织业发达，应该说也有黄道婆的贡献。所以后来当地人建立了"先棉祠"，用来纪念她的功绩。

嫘祖被祀为"先蚕"，嫫母被祀为"先织"，黄道婆又被祀为"先棉"。她们都是伟大的"织女"！

五、织女神话的社会功能

织女神话，基本上是在汉代定型的，所以织女的形象与这一时期的社会生活的联系更为紧密。

1. 织女的经典形象

神仙织女的经典形象无疑是美丽善良、心灵手巧、恪守妇道的。这样的形象，保持了两千年之久，直到今天也几乎没有变化。

那么，为什么会形成这样的织女形象呢？可能有如下两个原因。

第一，儒家思想到汉朝开始受到重视和推崇，同时对女人也在不断追加礼教方面的要求。而织女既然是神仙，当然应该成为世人楷模，所以要有一个代表社会道德高度的形象。于是，织女即便嫁给一个牛郎，即使一年只能见上一面，也应该或者必须无怨无悔，这样的品格才值得民女们学习。

第二，这样的织女形象，可以说更符合经济发展的需要。汉武帝年间打通丝绸之路，用于外贸的丝绸自然要靠女人生产。而什么样的女人能够生产得更多更快呢？显然是像织女一样心灵手巧，逆来顺受的女人。仅仅心灵手巧不行，仅仅老实听话也不行。所以，汉代的织女更像是为当世民女树立的一个榜样，无论是道德还是技能，民女们都应该向榜样学习。

2. 刘兰芝的委屈

但是，现实织女们的生活状态如何呢？

毕竟每个人的境遇和性格都是不同的，所以即便是在相同的社会形态之下，也会有不同的生活状态。但是总体上说，古代女性的幸福指数并不高，甚至还常有悲剧发生。

长诗《孔雀东南飞》，向我们描述了汉末的一位现实版的织女刘兰芝。

首先刘兰芝是一个心灵手巧的女子。她——

"十三能织素，十四学裁衣。"

不但心灵手巧，关键还恪守妇道。于是——

"君既为府吏，守节情不移。贱妾留空房，相见常日稀。"

丈夫当了官吏，经常外出公干不回家。于是刘兰芝经常独守空房，过着寂寞的日子。得不到丈夫的温暖，只能在劳作中去排遣心中的苦闷。

"鸡鸣入机织，夜夜不得息。"

刘兰芝这样拼命，到底能不能换来家人的赞许呢？

"三日断五匹，大人故嫌迟。非为织作迟，君家妇难为！"

于是，织布的速度成了悲剧的诱因，以致最后刘兰芝含恨自杀。

虽说艺术作品难免夸张，但总能部分反映社会现实。有人说刘兰芝死于封建礼教，当然这是很重要的原因。但从纺织角度看，造成刘兰芝自杀的还有一个推手就是"拜金"。

为什么刘兰芝那么拼命地干活，婆婆还不满意呢？在古代，成人一套衣裳的用料为一匹布。按她"三日断五匹"的能力,一个月能织出五十套成人衣料,供全家穿着根本不成问题。当时正值汉末,丝绸之路已经开通很久,纺织品贸易比较发达,所以很可能是婆婆希望她多出产品,以便交易回更多的钱财。

婆婆拜金或许有朝廷压榨的原因,但从诗中看,个人贪婪是主要原因。

3. 孟郊笔下的织女

唐代诗人孟郊,写过一首非常著名的诗《游子吟》。后来这首诗成了中华民族歌颂母爱的代言之作,离家在外的时候,很多人都会默默吟诵。

但是,孟郊还有一首诗《织妇辞》,虽然不如《游子吟》那样著名,但也为分析社会现实提供了重要线索。

> 夫是田中郎,妾是田中女。
>
> 当年嫁得君,为君秉机杼。
>
> 筋力日已疲,不息窗下机。
>
> 如何织纨素,自著蓝缕衣。
>
> 官家榜村路,更索栽桑树。

图:孟郊像(明《三才图会》)

一位俊俏的姑娘嫁入夫家,常年劳苦身心疲惫。为什么双手织出的是洁白丝绸,身上却穿着破衣烂衫呢?结尾一句意味深长,官府在路边张贴告示,要求广种桑树养蚕缫丝。这样的情境显然会让人联想到赋税的沉重,心生苛政猛于虎的感叹。

古代女性的社会和家庭地位普遍低下,因此织女们往往生活在压抑当中,所以神仙织女的逆来顺受,其实也有现实的对应。

六、那些难忘的人间织女

古代女性在纺织和服装领域所做的付出,是后世子孙不应该忘记的。除了贡献巨大的嫘祖、嫫母、黄道婆,还有很多人的贡献未必可以相提并论,甚至也不是纺织高手,但仍然各有各的精彩。

1. 最美丽的织女——西施

西施是浣纱女。浣纱是纺织当中的重要环节。西施浣纱,可能有两种缘由。其一可能是当时出现了纺织分工,西施负责浣纱这道工序;其

图：西施浣纱画像

二是各道工序都由一人完成，而恰好在她到河边浣纱的时候被人望见。

传说中西施浣纱时，鱼看见她的美貌竟如男子一样痴迷，忘记了游动而沉入水底。其实这只是一种夸张而已。浣纱之时不停搅动，鱼岂能不受惊扰？并且从鱼的角度看西施，必然也如哈哈镜一般，变形扭曲，能好看到哪儿去呢?

2. 最睿智的织女——孟母

古代伟大思想家孟子的母亲孟母，看到孟子不爱学习，便剪断了织机上的经线。于是就有了"子不学断机杼"这段家喻户晓的故事。孟母虽然不一定是纺织高手，但是她借用织布教育子女，却让后人钦佩她的睿智，并且也从中受到很多启发。

3. 最勇敢的织女——花木兰

著名古诗《木兰辞》开篇第一句：

唧唧复唧唧，木兰当户织。

这句诗交代出花木兰地道的"织女"身份，就跟后来千里征战形成

孟母斷機教子圖

鄒孟軻之母也號孟母其含近墓孟子之少也嬉遊為墓間之事踊躍築埋孟母曰此非吾所以居處子也復徙居市傍其嬉戲為賈人衒賣之事孟母又曰此非吾所以居處子也復徙舍學宮之傍其嬉遊乃設俎豆揖讓進退孟母曰真可以居吾子矣遂居之及孟子長學六藝卒成大儒之名孟子之少也既學而歸孟母方績問曰學何所至矣孟子曰自若也孟母以刀斷其織孟子懼而問其故孟母曰子之廢學若吾斷斯織也夫君子學以立名問則廣知是以居則安寧動則遠害今而廢之是不免於廝役而無以離於禍患也何以異於織績而食中道廢而不為寧能衣其夫子而長不乏糧食哉女則廢其所食男則墮於脩德不為竊盜則為虜役矣孟子懼旦夕勤學不息師事子思遂成天下之名儒於修德不為竊盜則為虜役矣孟子懼旦夕勤學不息師事子思遂成天下之名儒千古之亞聖君子謂孟母知為人母之道矣詩云彼姝者子何以告之此之謂也

乾隆二十八年歲次昭陽協洽暮月既溓生畫於西子湖頤諸葛椿芬識

图：清康焘《孟母断织
教子图》）

木蘭

图：花木兰像（《百
美新咏图传》）

了强烈对比。豫剧《花木兰》中唱到：

男子打仗到边关，女子纺织在家园。

谁说女子不如男？

4. 最有才情的织女——苏若兰

苏若兰是南北朝时期前秦大臣窦滔的夫人。因丈夫感情不专，出现婚姻危机，陷入独守空房的处境。为使丈夫回心转意，她织出一块八寸见方的锦，成功挽回婚姻。这块锦的奇妙之处是上有29行29列共841个字，除了五色相宜，莹心耀目之外，里面暗藏多首诗篇。无论正读、反读、绕读、叠字读，都可以成诗，被称为"璇玑图"。据现代研究者称其中有诗7958首，是纺织史和诗歌史上的奇迹。

5. 最会享受工作的织女——丁娘子

人的命运各不相同，人的性格也自然有所差异。相对于刘兰芝的压抑和委屈，历史上另外一位织女却充分享受了工作的快乐。这个人就是丁娘子。

康熙年间的《松江府志》卷四中说：

东门外双庙桥有丁氏者，弹木棉极纯熟，花皆飞起，收以织布，尤

图：丁娘子像（上海纺织博物馆）

为精软，号丁娘子布，一名飞花布。

丁娘子，生于明松江府华亭县，即今上海松江人，离黄道婆的老家不远。据说她容貌出众，手艺精湛，弹棉纺纱织布，都是大师水平。并且更为关键的是，她的操作本身就是一种美。据说丁娘子的工作状态就像舞蹈一样仪态万千。纤纤玉手，轻盈起落，弹棉之际，花皆飞起，如雪漫天；纺出的纱细如蚕丝，柔韧均匀；织出的布呢？光洁细腻，轻柔精软。所以，人们管她的作品叫"丁娘子布"，甚至就叫"飞花布"。于是，她的棉布成了"品牌"，非常受宫廷和民众的欢迎。

《上海县竹枝词》中有：

丁娘子布号飞花，

织纳纹工出下沙。

一种斑斓如古锦，

产从上海也名家。

以现代人的眼光看，这样的织女可能更让人乐于靠近。

第五篇：经纬天地

衣食住行，衣排第一。衣的进步，自然离不开纺织的支撑。纺织，不过就是一经一纬进行交织，而人类就是依靠这种简单的方式得到了温暖和美化。所以，经纬看似简单，其实作用巨大。

并且深入剖析，将会发现经纬更是一种深刻的思维方式。

一、那些古老的纺织碎片

中国远古的纺织，尽管史料没有清晰的记载，但也能从考古发现和零星的文字当中感受到那个时期的沸腾生活。

1. 考古发现

目前我国公布的 7000 多处新石器遗址当中均有纺轮出土。其中河姆渡遗址，除纺轮之外还出土了距今 6000 年之久的简易纺织机械部件。

古代的纺织材料一般为葛、麻、丝。

目前已经在江苏草鞋山发现了三块距今约为 6000 年的罗纹葛布；在西安半坡遗址发现了距今约 6000 年的陶器上留存的麻织物痕迹；在江苏吴兴钱山漾良渚文化遗址发现了距今 4700 年的绢绸残片；等等。

2. 文字中的痕迹

除考古发现之外，早期文字当中也留存有纺织和服装的痕迹。商代的甲骨文当中就已经出现了蚕、桑、丝、帛等文字。在金文上也有麻、葛等文字。其中甲骨卜辞上出现的"蚕示三牢"，现代学者认为"示"是祭祀，"三牢"指牛、猪、羊三牲，这就是说用猪、牛、羊三牲祭祀蚕神。可见商代对蚕的高度重视。

3. 传说透出的信息

关于商及以前的服装，经常会有一些文献提及。尽管作者并非生活在那个年代，但其内容也是作者根据可靠的历史传说整理出来的。

图：河姆渡遗址当中女子使用纺轮和腰机织布的雕塑

比如《史记·五帝本纪》当中就提到了尧帝——

黄收纯衣。

意思是说尧帝戴着黄色的冠，穿着黑色的衣服。

比如《韩非子·五蠹》当中就谈到，尧——

冬日麑裘，夏日葛衣。

意思是说，尧帝冬天穿的是幼鹿皮，夏天穿的则是葛布。后来的葛布也分为三种，细葛布名绤，粗葛布名綌，绤当中更细者名绉。葛布因为吸湿散热性能好，所以古人常在夏天穿着。

在《管子》当中也提到——

昔者桀之时，女乐三万人，端噪晨，乐闻于三衢，是无不服文绣衣裳者。伊尹以薄之游女工文绣纂组，一纯得粟百钟于桀之国。

意思是说从前夏桀时的女乐队伍竟有三万人之众。所以端门的歌声，清晨的音乐，大路上都能听到，她们无不穿着华丽的衣服。伊尹便叫薄地无事可做的妇女绣制彩花衣料，拿去跟夏桀交换粮食，一纯换百钟。

夏桀是夏朝的最后一位帝王。他有一位爱妃名叫妹喜，后来这个人被称为中国历史上四大红颜祸水之首。帝王的爱妃自然是一位绝世美女，但她做过的事情，却非常可恶，遭到了天下人的唾弃。

皇甫谧在《帝王世纪》当中记载：

妹喜好闻裂缯之声而笑，桀为发缯裂之，以顺适其意。

缯，是古代丝织品的统称，这个字现在已经不常用了。这句话的意思是说，妹喜喜欢听撕裂丝绸的声音，听见之后就会笑出来。夏桀为了

图：尧帝像（明《三才图会》）

图：江苏吴县草鞋山青莲岗文化遗址出土的绞织加缠绕织法的回纹、条纹葛布（仿制品）

图：江苏吴兴钱山漾良渚文化遗址出土的绢绸残片

讨美人喜欢，就给她提供大量丝绸，用来撕着玩。

那个时候，生产力还不发达，丝绸肯定是贵重的产品。这样贵重的产品，不拿去派正经用场而是撕着玩，其他人看了会有什么感受？仅仅凭这一点，就应该遗臭万年。

二、周王朝的纺织生活

到了周朝，中华文明又到了一个井喷时期，各诸侯国的纺织业都在蓬勃发展，而其中齐国的纺织产业在这段时间内表现得最为突出。

1. 姜子牙的纺织"产业园区"

齐国的纺织产业，是在中国人心目中的老神仙姜子牙手上发展壮大的。

周王朝建立以后，周武王采用分封制，把华夏分封给了自己的兄弟和功臣。姜子牙是周朝最大的功臣，封到了齐地，位置在今天山东省淄博市东北的临淄区。

当时的齐国按照史料记载：

"地潟卤，人民寡。"——《史记·货殖列传》

图：姜子牙像（明《三才图会》）

大面积的盐碱地，人烟稀少。此外还毗邻当时的外族部落莱夷，经常遭到袭扰，所以国民安全也没有保障。

得到了这样一块封地，姜子牙的心情如何呢？

因为时间太久远，真相早已模糊。不过他在上任的路上走得很慢很慢，这件事却为后人留下了巨大的想象空间。为什么会走那么慢呢？

也许是多年鞍马劳顿，想在上任的途中调整一下状态；

也许是对封地不满意，想用此方式向周武王传递一种不开心的信号；

也许是在路上边走边思考治国方略，不想在方案成熟之前进入齐国。

果然，一到齐国，姜子牙立即开始布置工作。

第一，他在文化和制度上确定了大方向，即：

因其俗，简其礼。——《史记·齐太公世家》

因其俗，就是文化上顺应当地的风俗文化和民众心理。简其礼，就是在制度上简化做事过程中的各种繁文缛节。

第二，他做了产业结构调整。

通商工之业，便鱼盐之利。——《史记·齐太公世家》

既然是盐碱地，在农业上先天不足，那就加强商业手工业；既然靠海，那就因地制宜，发展渔业和盐业。所以从那时开始，齐国就定位成工商为主的国家。而"商工之业"当中，纺织业是重点，其中丝绸是主要方向之一。

第三，产业结构调整之后，得激发人才的积极性啊，因此姜太公又提出促进发展的人才政策。总方针是：

尊贤上功。——《吕氏春秋·长见》

具体到纺织领域——

劝其女工，极技巧。——《史记·货殖列传》

于是齐国的纺织产业被激活了。在这些政策的引导之下，很快齐国就——

冠带衣履天下，海岱之间敛袂而往朝焉。——《史记·货殖列传》

也就是齐国开始引领华夏服装潮流，产品行销天下。齐国的纺织产业在经营模式上发生了质变，由原来的自我满足转变为"出口创汇"，相当于建成了华夏大地上第一个大型纺织产业园区。于是，其他国家的人和财物纷纷流向了齐国。东海、泰山之间的诸侯便都整理衣袖，毕恭毕敬地到齐国朝拜和学习。

2. 管仲的继承与发展

四百多年后，就到了齐桓公和管仲的时代。管仲跟姜子牙一样，也是绝顶智慧之人。虽然此时齐国国土面积已经远远大过姜子牙时代，农业的比重明显加大，但重视纺织是传统，发展纺织有优势，所以管仲制定了很多新政策进行推动。

第一，《管子》当中多次提到桑麻的种植问题。

藏于不竭之府者，养桑麻育六畜也。

桑麻植于野，五谷宜其地，国之富也。

壤地肥饶，则桑麻易植也。

第二，管仲给那些蚕桑能手直接奖励黄金一斤粮食八石，并且免除兵役。古来征战几人回，在那个经常打仗的时代，免除兵役的吸引力实在太大了。同时这个政策也保护了技术传承和人才队伍的稳定。并且管仲还令人把这些能手的经验记录整理，收藏于官府之中，以备查用和推广。

图：管仲像（明《三才图会》）

图：宋李唐《晋文公复国图》

第三，管仲建立了一种基金，每年春天养蚕季节到来之前贷款给百姓，作为买口粮、买养蚕工具的本钱。这样一来，丝绸产量有效放大，同样的征收总额，换算成比例却下降了一半，老百姓从事纺织的积极性因此得到激发。

第四，管仲对民女纺织成品数量进行统计，以掌握市场供应情况。

第五，管仲开放与邻国之间的关口，把齐国变成了"自由贸易区"，对外贸易总额明显放大。齐国的丝绸本来就有技术优势，因此更为畅销。

这一时期，齐国对桑麻的重视在一个故事当中可见一斑。

历史上，晋文公重耳曾经到齐国避难。齐桓公把族内女子姜氏许配给他。于是过上了幸福生活的重耳就不想再回晋国争夺君位了。

这时两位追随而来的大臣在桑树下密谋，想让重耳离开齐国，结果被正在树上采桑的女奴听到了。可以想象，那是多大一颗桑树，多茂密的桑叶，才能让两个密谋的人没有察觉？结果这位女奴把事情告诉了姜氏，而姜氏虽然也想过幸福生活，但更希望重耳回晋国建功立业，所以就把这个女奴杀了。

可见那个时代，即便是贵族也会在自己家里种植桑树。

经过姜子牙和管仲的努力，齐国的纺织产业模式得以定型和发展，并且一直到汉代仍然发达。汉朝在齐地设有三服官，也就是三处负责服装生产的国家机构，近似于今天的国有企业。并且，每家都有数千的织工，可见还是大企业。

可以说，后来汉代的"文景之治"和丝绸之路，相当于姜子牙模式的规模放大，即把姜子牙赚其他诸侯国的钱升级为中国赚外国的钱。而到了唐朝，进一步开放，西安变成了东西南北各国的文化和商品交流中心，同样相当于管仲的"自由贸易区"模式由华夏内部放大到了真正的国际范围。

三、史上最早的面料战争

前面讲过，管仲是绝顶聪明之人。同样在思考战争的问题上，他的想法也是与众不同的。

两千六百多年前的一天，齐桓公找到宰相管仲，提出了一个重大问题。他说：鲁国和梁国是齐国发展的潜在威胁，我想将其削弱，请问有没有办法？

尽管当时齐国是称霸的国家，但它对内主张抚恤百姓，对外主张国际和平，所以不能轻易发动战争。因为发动战争不但劳民伤财，而且国际形象丑陋。但是两个对头在身边虎视眈眈的，任其行事也不可取。

那么管仲是如何处理这个问题的呢？接下来他做了三件事儿。

1. 第一件事儿

他给齐桓公做了一套新衣裳。这套新衣裳的面料用的是鲁国出产的绨。按照《说文解字》的解释：

绨，厚缯也。

这种面料在织法上用丝做经线，用其他材料做纬线，相当于现代的混纺，成品要略厚一些。由于只用了一半的丝，所以价格相对便宜。这套新衣一穿上朝，立即赢得了满朝文武的齐声喝彩，接下来从朝廷到各属、县、乡的官员都换上绨服，全国百姓也一起追赶这个潮流。本来齐国人口就多，且是在短时间内爆发的需求，所以绨就成了紧俏商品，市场价格快速飙升。

2. 第二件事儿

管仲召集了一批商人，开了一个动员会。动员会的意图就是请商人们到其他诸侯国，主要是鲁国进口绨回来，并且还给了鼓励政策。管仲说：

子为我致绨千疋，赐子金三百斤；什至而金三千斤。——《管子·轻重戊》

每进口一千疋（匹）绨，奖励金三百斤，一万疋就是金三千斤。近似于现代的进口补贴政策。商人逐利，在巨大的诱惑之下，纷纷涌入鲁国。鲁国的库存远远满足不了市场需求，于是就遇到一个空前的历史机遇。一段时间后，派到鲁国的情报人员传回消息。说鲁国的大批农民进城织绨，城市人口剧增，多到把路都走得尘土飞扬，十步内互相看不清楚。车水马龙，交通拥堵。

3. 第三件事儿

过了13个月后，管仲又给齐桓公做了一套衣裳。但这次采用的面料不再是绨，而是齐国自己出产的帛，是上等丝绸。于是在国君的再次带动之下发生了跟去年同样的事情，举国上下换帛服。绨也立即由紧俏商品变成滞销品，价格一落千丈。接下来鲁国开始大量积压，现金流断裂。更为悲惨的是13个月没有种粮食，而粮食无法一下种就马上长出来，所以鲁国就闹起了粮荒。最后，百分之六十的鲁国百姓投奔了齐国。闹到这种地步，鲁梁也只有主动请和了。

4. 三个保障

这就是发生在两千六百多年前的面料战争。其中的千秋功过，暂且不做评说。在这里需要重点分析的是，管仲用面料收拾鲁梁的自信从何而来。

一般来说，管仲要想打赢这场面料战争，需要如下三个保障：

第一，情报必须准确。

必须得搞清楚鲁梁有多少库存，多大纺织能力。万一对方库存巨大，不小心用高价帮助鲁国去库存，管仲不可能做这样的傻事儿。

第二，经济基础必须雄厚。

绨的价格被炒作得越来越高，并且还要对贩运的商人进行奖励，没有雄厚资金做保障，或者老百姓根本消费不起，计划也就无法施行了。

前两条保障虽然重要，并且齐国也确实有能力做好。但这两条都是不是最关键的。最关键的是——

第三，技术优势必须明显。

因为如果没有技术优势，老百姓被时尚引导喜欢穿绨之后，再想引导回来消费本国产品的难度就大了。管仲当时选中的绨只是混纺，所以后面很容易再用高级丝绸帛把时尚扭转过来。管仲倚仗的就是齐国在纺织技术上的强大优势，所以不怕鲁绨在齐国一时流行演变为国民的长久依赖。

图：诸葛亮像（明《三才图会》）

四、诸葛亮的面料大品牌

面料对于管仲而言，已经不仅仅是民用必需品和对外贸易品，同时也是战略物资，既能富己国，又能弱敌国。而在他身后又有一位超级智者，同样也把丝绸变成了战略物资，同时也把蜀国的纺织推上了新台阶。这个人就是家喻户晓的智慧化身——诸葛亮。

按历史记载，诸葛亮年轻的时候，常自比管仲乐毅，当时的人认为比不上。但是如果仅就纺织领域的作为，诸葛亮的确也不输于管仲。

1. 男子打仗到前线，女子纺织来赚钱

三国时期，魏、蜀、吴三国经常打仗。那么蜀国打仗的军费从哪里来呢？诸葛亮曾经有一句话是这样说的：

今民贫国虚，决敌之资唯仰锦耳。——《太平御览》引《诸葛亮集》

诸葛亮之所以想到靠织锦来解决军费，与多种因素有关。

诸葛亮是山东人，而山东经姜子牙和管仲治理后一直是丝绸大省，所以他比较熟悉纺织产业。并且诸葛亮年轻时在南阳活动，而南阳离当时的织锦中心襄邑很近。锦是丝绸中最高端产品，以诸葛亮的敏锐不可能视而不见。

但是，诸葛亮仅仅有这样想法还不行，还需要蜀地具备产业基础。

2. 蚕丛到诸葛亮

蜀地在诸葛亮到来之前，其实已经具备了很好的纺织基础。蜀地有

一个古老的传说，讲的是最早的蜀王蚕丛。

大诗人李白在《蜀道难》里有两句诗：

蚕丛及鱼凫，开国何茫然。尔来四万八千岁，不与秦塞通人烟。

其实，蚕丛这个名字本身就已经说明他与丝绸的莫大关系。的确，蚕丛是一位蚕茧大师。按传说，蚕丛最大的特点就是纵目。什么是纵目呢？就是说他的眼睛像螃蟹的眼睛一样突出在眼眶之外；第二个特点就是喜欢穿青色的衣服。

前蜀冯鉴《续事集》引《仙传拾遗》讲到，蚕丛担任蜀王期间，教人蚕桑，为此他做了数千头金蚕。开春的时候，发给百姓每人一蚕，结果百姓手里的蚕不断繁殖，越来越多，带来蚕茧大丰收。后来的老百姓为了表达感激，建庙祭祀他，并称他为青神。所以现在四川境内的青神县和青衣江，都是因蚕丛而得名。蚕丛的故事虽然是历史传说，但是当三星堆的一尊大立人铜像出土之后，四川的一部分专家学者猜测铜像原型就是蚕丛。

在秦统一六国之后，秦始皇把原各国豪强迁入蜀地，在瓦解各国原有势力的同时搞了一次"开发大西南"的行动。而在迁进蜀地的人员当中，有很多是纺织业的行家或能人，所以进一步加强了蜀地的纺织力量。而且特别有趣的是，刚刚织出的锦，经流过成都的江水漂洗，立即纹理分明，非常漂亮，而用其他江水就没这个效果。所以，这条江就被称为"锦江"。

到了汉代，蜀地的纺织业已经相当发达。所谓——

女工之业，覆衣天下。——《后汉书·公孙述传》

就是说女工产业之发达，足以解决天下百姓的穿衣问题。

这个时候，蜀地已经可以织锦，并且蜀锦也已经通过丝绸之路向外输出。在新疆发现的著名文物"五星出东方利中国"护膊，其实用的就是蜀锦。

就是在这种情况下，这位家喻户晓的智慧化身诸葛亮出现在了成都。

看到蜀地的纺织基础之后，他开始设立锦官，用政策推动四川织锦业的发展。并且就仿佛齐国的王公贵族自己家也要参与蚕桑一样，诸葛亮的家里也种了八百棵桑树。在他去世之前给刘禅写的遗书中，说家里有这些桑树，已经足够子孙生活，不用为他身后的事情操心了。

于是从诸葛亮开始，蜀锦的地位也就稳固提升，成都随之超越襄邑成为全国织锦的新中心。虽然诸葛亮不是蜀锦的创造者，但却是蜀锦发展的大推手！

3. 驰名品牌实在是牛！

现代人都知道锦是丝绸当中最高端产品。所谓：

织素为文曰绮，织彩为文曰锦。——宋戴侗《六书故》

就是说，绮是素色花纹，锦则是彩色花纹。所以锦的工艺远比其他丝织品来得复杂。

由于蜀锦成了名牌，所以尽管魏吴两国要跟蜀国打仗，但仍会购买蜀锦。显然魏、吴两国这种帮诸葛亮赚钱，然后让他补充军费的做法实出无奈。蜀国能够做到这一点，是因为它有垄断优势。当年的管仲也是因为有技术优势才敢发动面料战争。如果没有技术优势，弄不好就得给敌国送钱。

有一次，曹操的儿子曹丕买了一批蜀锦，应该是准备送给鲜卑人的。

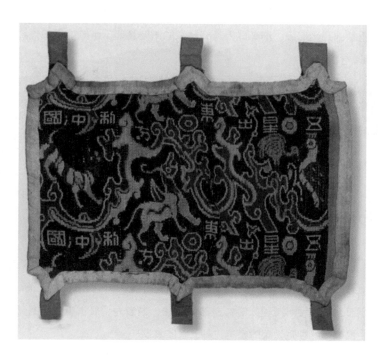

图：汉代蜀锦——"五星出东方利中国"锦

偌大一个魏国，由于本土织锦中心襄邑的衰落，自己没有拿得出手的面料，还得跟敌国求购，实在太窝囊！但是令曹丕没想到的是，这次的面料产品质量大不如前，连鲜卑人都不喜欢，曹丕很恼火，所以就跟大臣们抱怨。

可见，诸葛亮的蜀锦生意真正做活了！从那时开始蜀锦称雄千年并且辉煌至今，技术上也影响了其他多种名锦。

4. 三大名锦

诸葛亮发展织锦，赚魏、吴两家的钱又来打魏吴两家的人，魏、吴当然也想改变现状。其中孙权就让赵夫人亲自从事织绣，成果是织出了云龙虬凤之锦。但显然是因为当时江东纺织人才不足，所以没有形成可观的规模。

到了500年后进入唐朝中期，江东节度使薛兼训想出了一个歪主意。他给手下没成家的将士每人一大笔钱，密令他们到北方寻找会织布的女人娶回江东。结果一年之内就娶回几百人。而这几百人除了自身投入纺织之外，还大大影响了原住民的风俗。于是江浙地区的纺织水平很快提升，产业基础开始形成，渐渐成为丝绸纺织的重要基地。可见那个年代织女的贡献有多大！

后来，在宋朝、元朝、明朝，政府干脆直接利用手中的权力从四川迁移了大量纺织人才到开封、南京等地，促进了当地的丝绸业发展。于是蜀锦在宋锦和云锦的发展中起到了促进作用。

五、经纬当中的大智慧

古代有一个孟母教育孟子读书的故事。看到孟子读书没有上进心，孟母拿起刀做了一个动作。后人对这个动作做过三种描述。

第一，"断机杼"（《三字经》），就是把织机的一个部件砍断了；

第二，"裂其织"（《韩诗外传》），就是用刀把织成的布匹划坏了；

第三，"断其织"（《列女传》），就是把挂在纺机上的经线割断了。

那么，哪种可能更大呢？显然最省钱、最省力、最省工，同时又能产生最强烈的视觉效果的是第三种，"断其织"。

从古到今，布匹都是由经线和纬线交织而成。经线要先行固定在纵向，相当于面料的筋骨。而纬线则是穿梭于经线之间的横线，相当于血肉。

所以，孟母用刀割断经线，就是割断了布匹的筋骨，接下来就是崩溃和混乱，就算神仙过来，这块布也织不成。所以这种强烈的视觉刺激，使少年孟子深受震撼和启发，幡然醒悟，发愤图强，终成儒学亚圣。

其实，纺织是人类最早的手工业之一，不仅仅对人类生活的贡献巨大，并且还为我们创造了非常丰富的文化成果。这里简单介绍两个方面。

1. 文化中的经纬

在跟纺织有关的成语当中有一个叫"经天纬地"，可以说是在这类成语当中最大气的一个。

当然，经天纬地，不仅仅关系到东经北纬和 GPS 这些科技成果，最重要的是它为我们建立了一个纵横捭阖的文化格局。

首先，在古籍文献当中，有一种著作会被称为经。比如《易经》、《道德经》、《诗经》、《黄帝内经》、《山海经》，儒家也有自己定义的十三经。为什么这些著作叫经呢？显然是祖先们认为这些著作是中华文化的筋骨，把它们读通了，就相当于筋骨长正了长全了。

有筋骨也需要有血肉，所以有经学必然有纬学。纬学最初是用来解释经学的，是补充层面和技术层面。但是到了汉朝，纬学变成了谶纬，集合了天象预测等神秘思想。现代人流行看星座，在古代就属谶纬之学。恰巧西汉末年，王莽非常喜欢谶纬之学，安排人整理了大量谶纬著作。王莽喜欢谶纬当然有其功利目的。显然从正统经学角度出发，王莽篡权找不到理论支点，但是用谶纬则有可能打开民众的心理空间。所以此后，怀有政治野心的人常常借用谶纬说事儿，纬学的形象因此遭到破坏并逐渐衰败，所以后来形成了中华传统文化总体偏重经学的局面。

2. 管理概念的滋生

其实，在古代，纺织是最早的手工业，所以面料纺织也就成为管理思想的重要来源之一。今天流行的很多管理词汇，其实都是从面料纺织演化而来的。

比如我们今天说"机制"、"机理"，其中的机，繁体就是织机的象形。在《列女传》当中有一篇《鲁季敬姜》，其中的母亲敬姜就曾借用织机谈论治国之道。这段文字，虽然受专业局限很难精确理解，但粗略一读

图：繁体"机"字

图：古代织机（织机图片选自赵丰先生刊发于《中国科技史》上的论文"《敬姜说织》与双轴织机"，角度和字号略作调整）

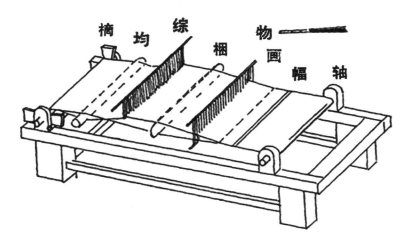

椹　均　综　　物　　
　　　梱　　画
　　　　　　　幅　轴

也足以震撼后人的内心：

文伯相鲁。敬姜谓之曰："吾语汝，治国之要尽在经矣。夫幅者，所以正曲枉也，不可不强，故幅可以为将；画者，所以均不均、服不服也，故画可以为正；物者，所以治芜与莫也，故物可以为都大夫；持交而不失、出入而不绝者，梱也。梱可以为大行人也。推而往，引而来者，综也。综可以为关内之师。主多少之数者，均也。均可以为内史。服重任，行远道，正直而固者，轴也。轴可以为相。舒而无穷者，椹也。椹可以为三公。"文伯再拜受教。

再比如今天管理学当中常用的"经营"、"组织"、"纪律"、"细节"、"训练"、"绩效"等等词汇，其实都跟纺织有关。比如"绩"字，原本就是纺织之意，纺织的成果就是成绩或绩效。而现在不论一个人是否从事纺织，他的工作效果都说是成绩或者绩效。

这些原生的管理概念出自面料纺织，自然就会直接运用于面料纺织的管理。中国古代能够不断开发葛、麻、丝、棉、毛等新材料，不断研发纺织机械提高纺织工艺，走通丝绸之路，并在很长一段时间处于世界面料的领先地位，应该与这些管理思维有很大关系！

第六篇：五色相宜

翻开古籍，很容易看到诸如黄袍、红袖、乌纱、青衫、白衣等饱含着色彩的词汇，这一方面说明中国古人发达的染色技术，另一方面也能隐隐看到颜色背后所传递出的封建等级制度和民族审美倾向。

在古代，祖先眼中的色彩并不是彼此孤立的，除了不同的寓意和等级关系之外，还会在不同阶段经过哲学思想的统合形成不同的色彩体系。透过这些色彩体系，可以感受到中华祖先典型的思维方式。

图：现代人标定的红色

一、红色至尊年代

中国古人对色彩运用的第一个阶段，目前认为是红色至尊。通过现代考古，我们已经发现很多祖先使用红色的痕迹。

比如，生活在两万多年前的山顶洞人把红色粉末撒在洞穴以及尸体旁边。

比如，相继在西安半坡、永昌鸳鸯池、洛阳王湾、胶县三里河等地的墓穴中发现尸体上有红色颜料物质，某些尸体上还有残留的大片绛红色衣料。

河南荥阳青台出土了距今约 5500 年的绛色罗。绛色即正红色。

产生于新石器时代晚期的沧源崖画。灰色的石灰岩石壁上画有赭红色的图画。

等等。

从直观感觉上看，红色是血及火的颜色，也被认为是太阳的颜色，具有热烈、明快、活力四射的特点。著名学者李泽厚先生认为，在原始社会里，红色可能具有巫术礼仪的符号意义。由此可以猜想，红色至尊是与敬拜神仙相连的，现代人红色辟邪的说法也许就是这种意识的遗痕。

其实对红色的喜爱，不仅是中国人，几乎全人类都有这个共性。

德国艺术史学家格罗塞在《艺术的起源》中谈道："只要留神观察我们的小孩，就可以知道人类对这一颜色的爱好至今还很少改变。在每一个水彩画的颜料匣中，装朱砂红的管子总是最先用空的。"

二、黑白对立阶段

过了红色至尊年代，各民族对色彩的态度开始出现差别。中国则进入了黑白对立的阶段。

从黄帝开始，上衣玄下裳黄，于是黑色成为那个时代的至尊色。这种情况一直向后延续到夏朝，夏尚黑。

后来商朝推翻了夏朝。商部落的发祥地在东方，是日出之地。他们认为自己的先祖是太昊，而昊字则表达太阳经天而行。也可能是这种意识，促成了商部落对白色的崇尚。加之后来商朝推翻夏朝，出于文化意识对立和政权颠覆的原因，更加推崇与黑色相对立的白色。

其实，夏与商两大势力在历史上长期并存，整个华夏的色彩在那一

图：阴阳鱼

阶段宏观表现为黑白的对立和纠缠。因此周文王站在商代末期这一时间节点，回望黄帝、尧、舜、禹到夏、商两代的风云变幻，参照黑白阴阳的此消彼长，把二元哲学推演到极致，于是有了群经之首的《周易》。可见那时的黑白色彩关系也与哲学思考相呼应。实际上围棋的发展大致也是在那段时间，似乎也与历史的脚步相扣合。"执黑先行"，或许也残留某些历史信息。

　　商代尚白的思想，也影响到了我们的近邻朝鲜。殷纣王有一位大臣叫箕子，是贤臣。他看见纣王无道大厦将倾，而自己又无力回天，所以心灰意冷去了朝鲜，成立了"箕子朝鲜政权"。他教当地人耕作、养蚕、织布。朝鲜人一直到现在还喜欢穿白色的服装，据说就是箕子带去的观念。这一说法，朝鲜及其他国家的学者一般予以肯定。

三、五行统合五色

　　周朝，阴阳五行学说逐渐成型，于是五行统合的色彩体系也在此时定型。

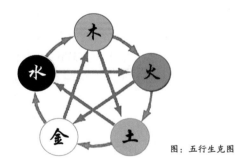

图：五行生克图

1. 五色的构成

　　当然，要想构成五行，必须有五种颜色。所以除了此前已经用过的红、黑、黄、白四种之外，还引入了第五种颜色，青色。于是，就有了五种对应关系。

　　金——白；木——青；水——黑；火——红；土——黄。

　　其实青色，是中国人色彩当中最麻烦的色彩，因为到底什么是青色，即使现代人的认识也往往是模糊的。比如，青花瓷的青，似乎是蓝色；青草地的青，则是绿色；而青砖的青，似乎又是灰黑色。现代字典上的青字也有绿色、蓝色、黑色等多重含义，因语境而变化。

现代色彩专业人士认为，青色是介于蓝绿之间的颜色，正如俗语"赤橙黄绿青蓝紫"的次序一样。并且按照五行青与木对应，所以含有一定的绿色也是很容易理解的。

有了五种色彩，五行体系就可以运行了。

五行	木	火	土	金	水
五色	青	赤	黄	白	黑
五方	东	南	中	西	北
五时	春	夏	长夏	秋	冬
五帝	太昊	炎帝	黄帝	少昊	颛顼
五兽	青龙	朱雀	黄龙	白虎	玄武

五色，是中国古代定义的正色，地位高；而这五种色彩之外的颜色，叫间色，地位低。

2. 五行与国色

有了五行统合的五色，人们对色彩的认识发生了根本性的变化。商朝的白色在五行学说当中与"金"对应，属金。当周朝推翻了商朝，从"火克金"的原理出发，周朝自认为得的是"火德"。于是周朝的至尊色，为红色，也可以叫赤或者朱。

接下来的秦始皇统一六国取代周朝，他同样依据周得火德这一说法，运用"水克火"的原理，得出了秦得"水德"的结论。而五行中水对应黑色，所以秦尚黑，黑成了秦的至尊色。

五行统合的色彩体系用来解释商、周、秦比较贴切。

除了黑白赤黄青等正色之外，周代也有很多间色出现。其实，那个时代，祖先们已经掌握了复合染色的技术，五行色彩体系当中，也隐含着三原色的原理。古人定义赤、黄、青为色，而黑、白为彩。而赤、黄、青三色，与现代科技理论的颜料三原色品红、黄、青已经非常接近。而"间色"，可以由正色复合而成。《礼记》中有：

衣正色、裳间色。

这里的间既是介于中间之"间"，也是地位卑下之"贱"。

四、紫气东来与恶紫夺朱

人为规定色彩的地位，并不一定与个人审美倾向相吻合。历史上的春秋首霸齐桓公，就曾经深爱紫服，为后世留下了一段色彩故事。

1. 齐桓公好紫服

在《韩非子》当中讲到，齐桓公喜欢紫服，在他的带动下全国百姓纷纷效仿，于是紫色成为齐国的时尚。

齐桓公的性格双重特征较为明显。一方面好酒、好猎、好色，是典型的性情中人；另一方面又"惕而有大虑"，得大思路有大格局。这种感性与理性都强，热烈和冷静兼备的神秘性格之人喜欢紫色，与现代色彩心理学理论有所吻合。紫色由红色和蓝色混合而来，兼有热烈和冷静两种感觉。因此齐桓公好紫服的确是发自内心，出于秉性。

但是，紫色在当时非常昂贵，五件素服抵不上一件紫服的价格。而老百姓都赶这个时髦，生活成本大大提高，幸福指数就有所下降。所以，齐桓公很忧虑，找到宰相管仲来解决这个问题。

管仲被后世誉为"春秋第一相"，这个称号可不是白来的。听明白

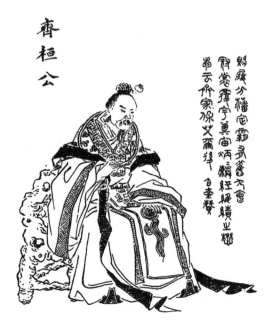

图：齐桓公（绣像本《东周列国志》）

图：明张路《老子
骑牛图》

齐桓公的想法后，他说：君上，如果想制止这个风气，首先得您以身作则脱下紫服；然后您再跟穿紫服的人说，"站远点，我讨厌紫色的臭味。"

齐桓公如法炮制，几天下来，齐国百姓都脱去了紫服。

这个故事，韩非子讲得有名有姓有鼻子有眼儿，应该可信，现代的服装文化学者们也常会在著作当中提及此事。

当时齐国是霸主，同时商贸又极为发达，在服装领域可谓"冠带衣履天下"。并且管仲开放关口，齐国成了"自由贸易区"。也就是说，紫色既然在齐国成为时尚，也一定会影响到整个华夏地区。所以虽然齐国平民百姓脱去了紫服，但其他诸侯国的达官贵人却有能力消费，这样一来，紫色就为整个华夏的官贵所独享，所以就有了尊贵的地位。

紫色成为尊贵色彩，也出现了很多跟紫有关的词语。紫气东来、大红大紫、万紫千红、紫绶金印、魏紫姚黄，通俗一点儿地说，红得发紫。

2. 紫气东来

在《史记索隐》当中，司马贞说道：

老子西游，关令尹喜望见有紫气浮关，而老子果乘青牛而过也。

这句话讲的是 2500 多年前，老子骑牛西去，路过函谷关的时候，关令尹喜看见从东方飘过一片紫色的云雾，因此判断会有圣人由此经过，这才有了挽留老子写下《道德经》的故事。可见《道德经》是在一片紫色当中诞生的，如果一定要用一种色彩作为这部著作的标识，紫色应该作为首选。

这个传说，后来演变成了一个成语——紫气东来。

那么为什么尹喜看到有紫色出现就想到有圣人经过，很显然是在此之前紫色已经取得了尊贵的地位。从现有的史料来看,齐桓公是始作俑者。

3. 恶紫夺朱

齐桓公推高紫色的地位，遇到老子叫紫气东来，但遇到孔子就没那么好的待遇了。

在《论语》当中有一句话：

恶紫之夺朱也！——《论语·第十七章·阳货篇》

就是非常反感紫色把红色的地位给抢了。

孔子不是一个心胸狭窄的人。但以他对《周礼》的推崇，当看见原本地位低微的紫色由于齐桓公个人原因，最后抢了周朝的至尊色红色的地位，发自内心的愤怒也是自然反应。

老子和孔子都是历史巨人，他们的言论影响深远。所以后人对紫色的态度也非常矛盾。一方面紫气东来，认为是祥瑞之色；另一方面又认为紫色有犯上之嫌，比如王莽篡权被称为"紫色蛙声"。

五、黄色渐为皇族垄断

在五行色彩当中，尽管黑白赤黄青都是正色，但是地位仍然不能完全平等。比如黄色，黄帝时代的上衣玄下裳黄，说明黄色的地位比黑色低。还有《易经》当中的坤卦说"黄裳元吉"，不管有多么深奥的解释，坤卦的地位都不是最高。所以黄色成为皇族的专用色，必然经历一个循序渐进的过程。

1. 黄色地位上升的必然

其实，黄色地位上升可以说是大势所趋。

第一，中华民族的人文初祖是黄帝，他在历史上建立了不朽的功勋。并且从战国开始，黄老之学得到了有力推崇。所以中华民族怀念和敬仰黄帝。而黄帝的称号当中，有个黄字。

第二，在五行统合模式中，金木水火土，土位居中央，对应的黄色也位居中央。四面八方围绕中央，放在中央的黄色，注定是要君临四方的。

第三，黄金逐渐成为货币。老百姓看见黄色，很容易想到金钱，黄色多了就会感觉到富贵。因此与追求幸福的心理相关联。

第四，中国人的黑眼睛帮了黄色的忙。深色瞳仁，对明度比较高的色彩，比如黄色和红色更为敏感，而对于比较幽暗的色彩就相对迟钝。所以中国传统色彩经常使用明黄、大红、鲜绿，跟这个因素有关。但现代服装多用暗色和中间色，其实是受西方的影响，并不是自然的选择。

图：隋文帝像（明《三才图会》）

2. 喜爱黄色的隋文帝

尽管是大势所趋，但仍然需要一个具体的人做为推手。在中国历史上，有一个比较短的朝代隋朝，开国皇帝是隋文帝，黄色地位的提升就是从他的手上开始的。

王夫之在《读通鉴论》当中讲到：

开皇元年，隋主服黄，定黄为上服之尊，建为永制。

这句话讲述了一个事实，是隋文帝杨坚把黄色的地位提升起来的。但是，树立黄色的地位，首先得是他自己喜欢黄色。而隋文帝喜欢黄色的原因，有两条分析仅作为参考。

第一，黄色面料便宜。

隋文帝杨坚，算是历史上比较节俭的皇帝之一。在隋文帝之前各阶层皆可服黄，并且以百姓居多。而百姓可穿的面料，价格必定低廉。所以隋文帝喜穿黄色也许是一种经济考量，只买对的，不买贵的。

第二，黄色面料温暖

查阅隋文帝的资料就会发现，他是一位很有作为的黄帝，并且爱民如子，所以后人说他对百姓宽仁。宽仁的皇帝，当然希望自己的形象是温暖的。恰好黄色就是典型的暖色。按照王夫之老先生的说法，黄色——

明而不炫，韫而不幽。

黄色显眼但不晃眼，温暖但不暗淡。也许这正是隋文帝的心理诉求。

由于皇帝常穿，所以黄色地位日升，最后文武百官商议，就把黄列入尊色之列。

当然，隋文帝自己穿黄的同时并没有禁止百姓穿黄。从这个侧面上说，他的确表现出了与百姓平等相融的姿态。但是后来黄色却成为皇族的专用色，这件事情就需要另一位推手完成了。

3. 垄断黄色的唐高宗

后来唐朝推翻了隋朝。唐高祖李渊建国的时候，百废待兴，忙碌中沿用了隋朝的服制，也以黄色为尊。

到唐朝第三位皇帝高宗年间，发生了一件很奇葩的事情。洛阳县尉柳延穿黄衣夜行，遭到自己部下的殴打。其实这件事可能跟黄色没什么关系。就算是穿黄衣夜行，规规矩矩的老百姓也不至于挨打，所以挨打应该另有原因。也许他喝酒晚归又倚仗官员身份对哨兵出言不逊；也许平时对部下欺压过重部下故意装糊涂打他。但是唐高宗却认定是色彩混穿造成的。于是下令禁止百姓和各级官吏再穿黄色，于是黄色就被皇族所垄断了。

从今天的角度分析唐高宗，很可能是借题发挥。因为从隋文帝以来，黄色依然是天下人皆可穿。但尊贵之色，皇帝当然更希望自己垄断。所以，柳延挨打，恰好给了他改变黄色穿着权的机会。在古代，皇权不容侵犯，遇到事情，都得是百姓让路。

六、黄袍加身的正版和盗版

在黄色成为至尊色彩并被皇族垄断之后，又发生了一个重大历史事件，"黄袍加身"。一般来说，提起这件事会直接想到赵匡胤的故事，但在历史上他的版本并非原创。

1. 黄旗加身

赵匡胤黄袍加身推翻了后周，而恰恰是在十年前，也有人用这个办法推翻了后汉。

五代时期的后汉朝廷有一位重臣郭威很受老皇帝的器重。由于能干，显得功高盖主，后来的小皇帝后汉隐帝无法容忍。于是年轻气盛的后汉隐帝便派人去杀郭威。但郭威那么能干的人，哪有那么容易杀掉？结果杀人不成，反而给了人借口，郭威就以"清君侧"的名义杀了回来，隐帝则在混乱之中丢了性命。小皇帝死了，总得有人主持大局，于是太后被郭威请出来维持局面。但是封建时期，像吕后、武则天这样能干的女人太少了。既不懂政治也不懂军事的太后哪里还能维持得下去？所以，郭威当皇帝就成了众望所归，大势所趋了。

那么接下来怎样操作呢？首先有人报告契丹人打过来了；然后派郭威领兵出战；接下来走到半路将士哗变；最后集体请愿支持郭威称帝。

当时的情景在史书上是这样描述的：将士们群情激荡人声鼎沸地奔向驿馆。郭威关上大门想把人挡住，但没用，将士们翻墙而入，请求郭威当皇帝。台阶过道都站满了人。大家一再请求，郭威不答应，这时就有人上前扶郭威起来。但郭威不配合，怎么办？于是就从身后把他抱起来，再架住胳膊让他站稳。接下来——

或有裂黄旗以被帝体,以代赭袍,山呼震地。——《旧五代史·周太祖纪》

有人把黄旗撕下来,披到了郭威的身上,接下来就是将士们的欢呼声了。于是,郭威成为后周的太祖。由于当时找不到黄袍,所以用黄色的旗帜代替。

2. 黄袍加身

有了郭威的版本,赵匡胤的成功率就有了保障。

公元 960 年正月初四早上,赵匡胤号称是从醉梦中醒过来的。几天之前后周朝廷接到了报告,说契丹人打过来了,于是朝廷就派赵匡胤领兵出战。大军走到陈桥,天黑了。吃晚饭的时候,赵匡胤贪杯喝醉了。

醒过来推门一看,发现部下都站在院子里列队。不仅仅列队,还把刀从刀鞘里拔出一截,把刀刃露在外面。摆出这样恐怖的阵势想干嘛呢?就是希望赵匡胤能带着大家造后周皇帝的反。他们说:

诸军无主,愿策太尉为天子。——《宋史·宋太祖本纪》

太尉,指的就是赵匡胤,策太尉为天子,就是都请他当皇帝。

古往今来一觉睡醒之后,不知今夕何夕身在何处的大有人在。但是醒过来发现自己当了皇帝,正常人肯定会以为还在梦中。不过,这次的的确确不是做梦,赵匡胤就是这样当上了大宋皇帝。

史料上记载:

未及对,有以黄衣加太祖身,众皆罗拜,呼万岁。——《宋史·宋太祖本纪》

赵匡胤还没来得及回答,就有人把黄袍披在他的身上。众将士当即拜倒,山呼万岁。这就是历史上著名的黄袍加身的故事。

这两个故事非常相似,不同的是一个用黄旗一个用黄袍。但是黄袍不是随时可以拿到的。所以后人认为黄旗加身更为真实,而黄袍加身则说明有所准备。

3.《斩黄袍》

由于黄袍加身的故事流传甚广,所以赵匡胤的黄袍就成了后人的热门话题。艺人们还给他编排了一段莫须有的故事。

图:赵匡胤像(明《三才图会》)

赵匡胤在喝醉酒的情况下当上了皇帝。而当上皇帝之后，当然更有条件喝酒，并且更容易醉酒。但是并不是每次醉酒都会有那么好的运气。偏偏有一次醉酒，惹了个大事儿，害得他差点杀人偿命。有一出传统戏叫《斩黄袍》，讲的就是赵匡胤宠爱一名妃子韩素梅，因此影响了朝政。这个时候，赵匡胤的结义兄弟郑恩因为顶撞皇帝，被处斩了。

尽管当时赵匡胤喝醉了酒，但是仍然难辞其咎。连结义兄弟都说杀就杀，杀其他人还不就像碾死个蚂蚁？所以，大家支持郑恩的老婆陶三春带兵围困皇宫。而这位陶三春恰恰也像穆桂英一样是个擅长打仗的女人，于是皇宫告急。后来赵匡胤酒醒了，悔恨交加。悔恨交加又怎么办？杀人偿命？当然那个时代的事情不能这样办。最终的办法是赵匡胤把黄袍脱下来，让陶三春一刀斩了。

当然，戏剧中的故事是经不起考证的，但是艺人们所做的这种编排，却说明了一种社会心理——黄袍等同于皇帝本人。关键时刻可以代替皇帝偿命。

其实，斩黄袍这个办法，赵匡胤同样不是第一人，之前曹操就做过"割发代首"的事情。而且这一招也不可能到赵匡胤这里就作废，后来仍有相似的故事发生。

七、等级森严的官服色彩

黄色被皇族垄断，发生在唐朝。同样，最为细致的官服等级制度也是在唐朝出现的。

1. 品色衣

"品色衣"一词在北周就已经出现。在《周书·宣帝纪》当中提到：

诏天台侍卫之官，皆著五色及红紫绿衣，以杂色为缘，名曰品色衣。

可见品色衣就是官员所穿规定了色彩的服装。到了隋朝，不同品级的官员之间，服色开始进行区分。到了唐朝则出现了史上最为细致严格的品色制度。

比如，唐朝规定：三品以上官员服紫，四品深绯、五品浅绯、六品深绿、七品浅绿、八品深青、九品浅青。其中绯色与朱、赤、缥、绛等色，都属于红色族群。因此，四五品官员晋升到三品或以上，官服自然也就要从红色变成紫色，所以"红得发紫"这种对一个人逐渐走向显赫地位的描述，依据的就是官服从红色变成紫色的晋级过程。

或许是嫌唐代的品色制度太细致，宋代做了一定的简化。于是，一至四品服紫，五、六品服绯，而七、八、九品服绿。这一点可以参看《大宋提刑官》《水浒传》等古装电视剧，里面的设计基本上符合这样的体系。

2. 老百姓身上的流行色

那么老百姓穿什么颜色呢？在宋朝，平民百姓，不论男女，原则上只有两种颜色，皂白。而且穿着皂色需要经过审批。可见老百姓的选择空间是非常狭小的。

但是爱美之心人皆有之，当爱美之心得不到满足，幸福感就会下降，其结果就是不断有人尝试突破管制。于是突破、流行、禁止，再突破、再流行、再禁止形成了朝野博奕，其结果就是服装发展了，很多颜色也曾流行一时。比如浅绛、浅青、褐色，甚至黑紫、红紫都曾经出现在百姓身上。当朝廷的反应跟不上的时候，也就形成了对某些色彩的默许。

正是因为色彩管制，老百姓才有了黔首、白丁、白衣、白袍等跟服装色彩相关的别称。

图：唐朝官员的品色衣

八、古代色彩体系的反思

中国古代之所以能够用色彩管制社会，说明染色技术非常发达。其他国家对此非常钦佩，管中国染色技术叫"中国术"，英文叫 chinas。一直到1834年法国的佩罗印花机发明以前，中国一直保持印染技术的领先地位。

但是，为什么会在近代开始衰落呢？这个问题非常值得现代中国人认真反思。

1. 五行统合的利和弊

五行是一套古老的哲学，把事物按金木水火土属性进行区分，然后找到其生克关系用于指导人类生活，在当时是了不起的进步。五行的色彩学说，不仅可用于服色搭配，同时也对饮食观念产生过影响。直到现在营养学家还认为五色俱全的菜会更有利于多种营养的补充。

但是，我们必须看到，仅用五种属性概括大千世界，有时会显得生硬牵强，令人费解。既可能把复杂的问题简单化，也可能把简单的问题复杂化。而在色彩科技方面，由于套入五行模式，反而使我们的祖先跟三原色原理擦肩而过，今天想起来是非常遗憾的。

2. 命名的感性和理性

中国古代的色彩往往借助某种现实事物进行命名，比如金色、茶色、栗色、橙色、棕色、驼色等。当色彩相近时，也会借助现实事物加以区分，比如橘黄、姜黄、柳黄、葱黄、棕黄等。有时为了表达不同色彩的相通感受，还会使用诸如水红、水绿、水蓝等名称，传递形象之上的意味儿。于是给后人留下了大量饱含诗情画意的色彩名称。比如：

柳绿、竹青、桃红、姜黄、葱青、酱紫、月白、漆黑、丁香、琥珀、胭脂、黛色、妃色、苍色、秋色、炎色、茜色、碧色、玉色、丹色、缁色、绛色、赭色、绾色、缃色、缟色、缥色、纁色、纁色、赪色……

虽然这些色彩名称，有一些已经淡出现代生活，变得无法准确辨认，但绝大多数仍可意会，仍可体会名称传递出的意境。

这样的命名方式固然体现了祖先的智慧，但不得不说总体上强调的是感性表达，而非理性构建。于是，当色彩发展到几百种之多，即便是当年的专业人士，如果不参照标本进行比对，也很难完全掌握。体系上的混乱，必然造成创新的困难。

3. 色彩管制的后果

古代统治者把色彩按等级、行业、身份进行了区分，虽然说在社会秩序方面发挥了重要作用，但同时也把祖先们追求色彩之美的热情泯灭了。试想，人们只能按照规定穿着服装，也就不再关心怎样穿着更美。久而久之整个民族的审美能力必然萎缩。当绝大多数人不再关心色彩的时候，理论和技术的落后也就是迟早的事情。

第七篇：锦上添花

中国传统服装采用过的花纹数不胜数。

日月星辰、珍禽瑞兽、花鸟虫鱼、山水人物、图形文字等，都曾经在服装上出现过。并且，

图必有意，意必吉祥，祖先在这些花纹当中寄托着丰富的情感和美好的愿望。

一、由直线到曲线

在古代，绘、染、织、绣都是制作花纹的方法。运用不同的方式，自然也会形成不同的风格。

1. 直线造型

大约在距今六千年左右，中国的纺织就开始超越保暖遮羞的单纯需求，发挥出艺术表达功能。沈从文先生在《中国古代服饰研究》当中，参考极为珍贵的出土布匹残片和陶玉器等文物，提供了一组新石器时期布匹花纹的参考图。这些参考图为现代人认识古代花纹提供了一个阶梯。

由于纺织本身特点并且技术水平有限，这一时期织出的花纹都是以直线为基础的几何图形。其中部分花纹，已经成为传世经典，至今仍在运用。

2. 曲线造型

远古也并非只有直线花纹，曲线花纹可以通过绘、绣的方式实现。比如舜帝的"十二章纹"当中有十一种为曲线造型，所以舜帝指定的工艺前六种为彩绘，后六种为刺绣。

图：沈从文先生临摹的新石器时期纺织花纹

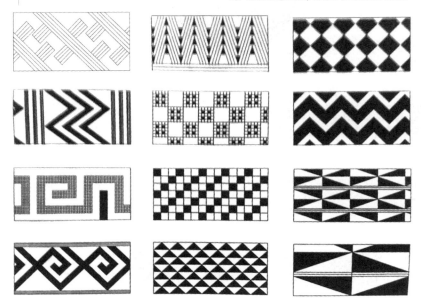

在青铜器和陶玉器文物上，大量人物的服饰花纹，为今天提供了宝贵的参考。在安阳殷墟妇好墓当中出土的玉人身上，已经有卷曲的花纹出现。

与之相呼应的是 1986 年在四川三星堆出土的大立人铜像。这座铜像通高 2.61 米，人高 1.72 米，铸造时间是夏商之际。铜像上的龙纹礼衣，是用曲线勾勒出的生动花纹，现代专家的观点认为这些花纹的呈现采用的是刺绣工艺。

图：三星堆大立人铜像（四川三星堆遗址博物馆藏）

二、周王朝的锦绣

时至周朝，织和绣两种技术都已经进入了快速发展期。

1. 风格古拙的织锦

古语有云：

织素为文曰绮，织彩为文曰锦。　——宋戴侗《六书故》

图：立人左侧衣襟上的龙纹

绮是单色花纹的丝绸，而锦就是织有多彩花纹的丝绸。如果不把绮或锦局限于丝绸织品，那么可以说 6000 年前中国就有了绮的存在。而锦按照目前的考古发现，也至少可以追溯到西周时期。织锦的水平，几千年来一直标示着中国纺织技术的发展水平。

据《释名》解析：

锦，金也。作之用功重，于其价如金，故其制字帛与金也。

就是说锦的价格贵重如金，故锦字由金、帛两字组成。

《范子计然》记载春秋时期的齐国织锦，上品的价格每匹卖价二万（钱），中品一万，下品五千。而一般绢帛每匹值七百钱，即使跟中等品质的锦相比，还是有 15 倍的差距。这里面的范子是春秋名人，就是被后世誉为商圣的范蠡。

图：荆州市博物馆藏战国时期织锦

在《诗经·郑风·丰》当中还有一句话：

裳锦䌷裳，衣锦䌷衣。

就是说锦的价格贵，穿锦制衣裳时，外面要罩着麻布衣裳加以保护。

1982 年 1 月，在湖北省荆州市江陵地区发现战国中晚期（约公元前 340—前 278）楚国墓，命名为马山一号墓。该墓中出土衣物共 30 余件。这批文物上的花纹，已经变得相对复杂。织品当中，虽然仍以直线几何

图：荆州博物馆的仿制品

图：荆州马山凤龙虎花纹

图形为主，但也开始把人物或者动物等穿插其间。虽然线条无法彻底圆顺，却另有一番古拙之感。

2．曲线圆润的刺绣

当纺织力不从心的时候，刺绣就成为呈现曲线花纹的重要手段。在马山战国墓当中出土的绣品也有多件，花纹丰富，曲线流畅，超乎现代人的想象。其中最为著名的绣品是"龙凤虎纹"。

在这个花纹当中，凤鸟的头上戴着巨大的花冠，并用翅膀或脚压住两条龙一只虎。构图非常精巧。

现代专家认为之所以产生这样的构图，与楚地的文化背景有很大关系。

关于古楚地的图腾，虽然有凤、龙、虎、鹿等说法，但目前比较公认的是凤图腾一说。在《山海经》说道：

大荒之中，有山名曰北极天柜，海水北注焉。有神，九首人面鸟身，名曰九凤。

同时凤在传说中又是古楚国先祖祝融的化身，因此楚地一直存在着强烈的凤鸟崇拜现象。

这种崇拜似乎也得到了马山出土文物的印证。在18件绣品当中，10件有龙有凤，7件有凤无龙，1件有龙无凤。虽然不能排除马山只是一个特例的可能，但至少说明了凤的地位不低于龙虎。

三、五星出东方利中国

进入汉代，纺织水平出现了一次巨大飞跃，曲线花纹得以自由呈现，并且文字也作为花纹出现在这一时期的织锦当中。

目前出土的汉代织锦当中，最为引人瞩目的是1995年10月在新疆尼雅遗址发现的一块长18.5厘米、宽12.5厘米的蜀锦护膊。这件文物一出土，就引起了高度重视，现成为国家一级文物，以及首批禁止出国（境）展出文物。

这块织锦方寸虽小，内涵却极其丰富。其花纹由赤、黄、绿、蓝、白等五种颜色构成。包含有日月、祥云、牝牡珍禽、虎纹兽、独角兽、

茱萸花等形象，同时最为令人惊奇的是上面还织有八个汉字——五星出东方利中国。

司马迁在《史记·天宫书》当中讲道：

五星分天之中，积于东方，中国利。

这里的"五星"是指岁星、荧惑星、填星、太白星和辰星。这块织锦采用了青赤黄白绿五色，应该分别与五星一一相对应。《天宫书》里面的这句话，是一种星占的说法。意思是当五星齐聚于东方的时候，利于中国出兵。

显然，作为中国人，不论是否相信星占，都会喜欢这种吉祥祝祈之语。但其实与"五星"锦同时出土的还有一块织锦残片，两者图案相同，不同的是后者上面的文字为"讨南羌"。现代专家将两者缀合起来，构成了一句完整的话"五星出东方利中国讨南羌"。因此这句话不是笼统的星占卜辞，而是有具体指向的。

那么，是否有与这句话相联系的历史事件呢？虽然织锦的年代无法具体到哪年哪月，但在《汉书·赵充国传》当中的确记载着西汉王朝的一次讨伐西羌的战争，皇帝的确曾将"五星出东方，中国大利"的字样用在了诏书当中。可见当时天文星占对国家决策所起的巨大作用。

说来也巧，在刘邦攻入秦地咸阳的第二年五月，确实出现过一次五大行星聚会天象，这一现象受到了朝廷和儒生们的高度重视，将汉王朝的兴盛与五星聚会的天象联系到一起，于是"汉之兴，五星聚于东井"

也就成为汉代社会带有迷信色彩的思想信念，当然其中也蕴含着祖先强烈且美好的愿望。

据科学史家推算出，2040年9月9日，还会出现五星聚会的天文奇观。

当然，汉代不仅仅在织锦技术上出现了巨大飞跃，刺绣也同样有精彩的表现。马王堆出土的绣品当中就有信期绣、长寿绣、乘风绣等精品出现。

四、纺织奇迹《璇玑图》

汉代织锦上出现文字，并非只有"五星锦"一例。1914年英国人斯坦因在古楼兰东汉墓中发现一块织锦，上有"韩仁绣文衣右子孙无亟"字样，因此被现代人称为"韩仁锦"。尽管不知道韩仁的性别，也不知道何方人士和在世时间，但他却成了历史上最早留下姓名和作品实物的丝织艺人之一。

除此之外，还有"长乐明光""登高明望四海""千秋万岁宜子孙"等字样的汉代织锦，也陆续出土，展现于现代人的眼前。

但是，真正把汉字纺织做成奇迹的，还是在南北朝时期的《璇玑图》。

1. 才女苏若兰

在魏晋时期，有一位才女叫苏蕙，字若兰，生于官宦家庭。这个人——

智识精明，仪容秀丽；谦默自守，不求显扬。——武则天《织锦回文记》

可见她谦虚低调不张扬。但是，任何人都有两面性。苏若兰性格比较急，嫉妒心也比较强，所以冲动之下做事可能会突然变得很极端。

在她十六岁的时候，嫁给了窦滔。窦滔是前秦皇帝苻坚的大臣。这

图：黄能福先生绘制的韩仁锦花纹（《中华服饰七千年》）

个人长得"风神秀伟"并且"允文允武"，就是人很帅，能文能武。"备历显职，皆有政闻"，就是重要职务几乎都担任过，并且都做出了政绩。但是在他从政过程中曾经摊上一件事情，被苻坚贬到了敦煌。

在这段时间里，窦滔喜欢上了另外一个女人赵阳台。这个女人能歌善舞，当时无人能比，窦滔跟她在其他地方居住。

但这种偷偷摸摸的事情瞒不住内心敏感的苏若兰。她知道以后，派人找到赵阳台并揍了她一顿。这种后院起火绯闻漫天的事情弄得窦滔很尴尬，并且赵阳台专门揭苏若兰的短处，以致窦滔对苏若兰越来越愤恨。到苏若兰二十一岁的时候，窦滔重新获得了苻坚的信任，被派去镇守襄阳。当然窦滔还是首先邀请苏若兰同往，而苏若兰心里的气还没消，所以拒绝同行。于是窦滔顺水推舟，带着赵阳台一起去了，从此再不问苏若兰的情况，也没有音讯往来。

图：苏若兰像（宋《回文类聚》）

2.《璇玑图》的良苦用心

毕竟是在父系社会、封建制度，女人的地位和能量都低，就算再有才华也很难与男人较量。男人可以妻妾成群，女人想再嫁都要面对巨大的伦理压力。这样一来，苏若兰剩下的只有寂寞了。被人冷落的日子当然不好受。苏若兰的才情、敏感、小性子，仿佛林黛玉一般，离不开丈夫的温存和疼爱。所以时间一长，自然受不了孤苦伶仃的生活，于是悔恨伤怀。

女人后悔，能够直接说出来的是少数。而苏若兰的智识精明这个时候就表现出来了。

特别神奇的是，苏若兰不但才情出众，而且在纺织上也是绝顶高手。所以她用自己特有的方式抛出了橄榄枝，为丈夫织了一块八寸见方的锦。这块锦"五色相宜，莹心耀目"，并由 29 行 29 列一共 841 个文字构成。

东晋时期的八寸大约相当于 20 厘米左右。把 29 个字在 20 厘米之内铺开，再留边缝儿和字缝儿，每个字可能只有 0.5 厘米左右，比一只苍蝇还要小。而那时的文字是繁体字，笔画又多又密，要织得那么小还要每一笔都清晰可见，已经是前无古人后无来者了。

但是，更加令人惊叹的是，苏若兰织就的这 841 个字——

纵横反复，皆为文章。才情之妙，超古迈今。名《璇玑图》。

——武则天《织锦回文记》

图：《璇玑图》

　　也就是说无论竖着读、横着读、斜着读、交互读、退一字读、迭一字读，都能成诗。这就是历史上著名的《璇玑图》。苏若兰自称当时织进去了二百多首诗。但经后人研究，宣称到目前为止已经发现其中所蕴含的三言、四言、五言、六言、七言等诗，共计 7958 首。这个数字是否准确，非专业研究者很难求证。《璇玑图》超乎想象的文学价值，早已经使之成为回文诗中的绝品。

　　当然，窦滔手捧这件绝品，内心的感动是可以想知的。随后他就把赵阳台送了回去，再用盛大礼节迎接苏若兰，两个人重归于好并且更加恩爱。所以，这个花纹寄托的是人间情爱。其实，中华民族的每一种花纹都有感情寄托，甚至背后还有一个美妙的故事。

五、创新品牌陵阳公样

　　汉代及以前的花纹，普遍采用横条状排列，层次感不强，因此需要仔细端详才能得到线索。但是汉代以后，布匹上的花纹逐渐向团形演变，这期间经历了一个引进、借鉴和再创新的过程。

1. 联珠纹

汉灭之后，中国陷入长期混乱。五胡乱华，力者为王。多民族逐鹿中原的同时，多种文化也在碰撞融合。汉代打通的丝绸之路，在向外输出的同时，西方的宗教、生活方式，以及各种商品也不可避免地流入了中国，而布匹花纹是最直观的部分之一。

那时，波斯帝国正处在兴盛之际。在进入中国的花纹当中，狮子、羊、马、骆驼、人物等，都有很强的波斯文化的印记。而在构图方式上，最具特点的则是联珠团窠花纹，简称联珠纹。这种花纹由多粒小珠围成圆形边界，而后再把主题花纹安排在其中。

联珠纹蕴含着复杂的宗教意义，与波斯古老的星相意识有关。中国人虽然缺乏对波斯国教的热情，但却不妨借鉴形式，用异域风情来丰富丝绸的视觉感受。而在几百年的引进和借鉴之后，便有了精彩的创新之作——陵阳公样。

图：联珠纹（成都蜀锦织绣博物馆仿制）

2. 陵阳公其人

陵阳公原名窦师纶，是唐太宗李世民的表兄弟，也是唐朝官员，担任益州大行台，相当于一个省的军政一把手。

但是这个人名留青史，不是因为他在政治或军事上表现突出，而是得益于他的艺术特长——绘画。他在担任益州大行台期间曾为蜀锦设计花纹。

一般来说，艺术家总会有一些独特个性，窦师纶也不例外。用现代的眼光看，他也是个奇人。

图：唐代丝绸花纹（成都蜀锦织绣博物馆仿制）

图：唐代织锦花纹（选自《中国衣冠服饰大辞典》）

唐朝始州香林寺，就是四川剑阁的香林寺，寺里住着一位惠主大师，专心精研戒律。有一天陵阳公到了始州，他一向对佛法没什么信仰，所以把百余只驴骡牵入寺中，安放在大殿、讲堂、僧寮等地方，寺内没人敢出面抗议。惠主大师回来看到肮脏杂乱的情景，马上进入房中，带着锡杖和三件袈裟出来，叹了一声说道："要死要活就在今天了！"说完举起锡杖打向驴骡。牲口被他打昏在地，惠主大师就用手举起来丢入大坑。地方县官听说后大吃一惊，押送惠主大师请陵阳公给他治罪。出乎意料的是陵阳公不但没有责罚，反而满心欢喜地说道："承蒙律师这样开示，破了我的悭吝和贪欲之心。我从这次教训中获得了莫大的利益。"于是赠送大师十斤沉香，十段绫绸。后来回到京城还依大师受菩萨戒。

虽然不懂佛学的人未必知道窦师纶悟到了什么，但他的不同寻常却已经有所流露。

3. 章彩奇丽的陵阳公样

按照唐朝画家张彦远的说法：

高祖太宗时，内库瑞锦、对雉、斗羊、翔凤、游麟之状，创自师纶，至今传之。——唐末张彦远《历代名画记》

由于窦师纶被封为陵阳公，所以他设计的花纹就被称为陵阳公样。现代学者根据出土文物进行研究，认为最典型的陵阳公样是由花环构成团窠，团窠内布置珍禽瑞兽以及花草。并且有一部分珍禽瑞兽会成对出现。唐代织锦花纹可作为陵阳公样的参考。

四川在历史上丝绸业非常发达，尤其是三国到宋初的近千年之间，一直都是全国织锦中心。而陵阳公样融合了异域风情，并且章彩奇丽，广为国内国外的消费者喜爱，所以流行数百年之久。可以说陵阳公样是唐代的著名花纹品牌，唐代的蜀锦之所以能够独领风骚，里面也有陵阳公的贡献。

六、服装花纹上的政治谋略

武则天是历史上唯一一位女皇。出于女人的天性，她对服装相比其他皇帝普遍来得敏感。并且她的确在服装方面做了不少事情。其中就有对苏若兰使用回文的继承，也有在陵阳公样的基础上所做的创新。

1. 武则天的回文

在天授二年二月，也就是公元691年春天，武则天当上皇帝的第二年，对大臣们进行了一轮赏赐。显然经过前一年的残酷斗争，各方势力基本摆平，局面开始稳定下来。这个时候已经能够看清谁是支持者，谁更忠诚，谁有功劳，所以就有了赏赐的必要性。

武则天是女人，女人自然有女人的思维，这次赏赐的是绣袍。

在武则天之前，也曾经有帝王用布匹或者锦袍赏赐部下的事情，但武则天不同在于赏赐的是绣袍。因为刺绣更为灵活，可以自由表达自己的想法。这次武则天绣的是八个字的回文，表达的是政治主张和对大臣的勉励。

也可能是第一次推行这项措施，所以相对简单。到下一年，武则天决定再行赏赐。这次赏赐的是新上任的都督和刺史，显然都是武则天新提拔的，期望更大。而这次绣制的内容也有所增加。首先绣一座山，然后绕山再绣16字回文：

德政唯明，职令思平，清慎忠勤，荣进躬亲。——《唐会要》

虽然这16个字很难达到璇玑图多种读法皆可成诗的境界，但以此表示对部下的鼓励、称颂、警示或期望，对于她笼络人心，密切君臣关系，教育臣民效忠君王，巩固封建统治却具有重大意义。

公元694年，武则天决定赏赐所有三品以上文武官员。

首先，绣袍上的文字，字数多少，文字的内容，每个人都不一样。相当于进入了个性定制模式。

比如著名神探狄仁杰，也是深得武则天欣赏的大臣。据《能改斋漫录》里记载，武则天也给他赏赐过绣袍。绣袍上绣的是：

敷政术、守清勤、升显位、励相臣。

虽然这件事在历史上有一些争议，有史料说这十二字是狄仁杰自制的，但体现了武则天的意图是不言而喻的。

2. 补服制度的先河

其次，这次赏赐的绣袍不仅仅文字不同，就连图案也不一样。比如说，诸王和宰相分别是盘龙和凤池，尚书是对雁，左右将军是对麒麟，左右武卫是对虎，左右监门卫，与古代建筑的大门设计相通，用的是对狮子。

图：明代官员补服（明丁姓画师《五同会图卷》，故宫博物院藏）

此外还有其他职位，也都是用了成对的珍禽瑞兽。

于是，武则天在服装等级制方面又做了创新。此前的等级，主要通过冕服上的冕旒和章纹的数量、鞓带的銙数，或者服装颜色进行区分。但是冕服严格地说只是少数人少数场合穿着，所以唐朝或之前冕服之外的官服虽然有品色的不同，但花纹的区分并不明显。所以说武则天的设计是一种创新。

也是因为这样的绣袍仅仅用来赏赐群臣，并没有将其纳入日常活动和穿着规范，所以这种创新在唐朝只是一段插曲。到了明清之际，这种创意的优点被人发现，因此大行其道，演变成了官员的补服。

第一，武则天的创意对尚书和左右将军有了简单区分，就是尚书用的是凤池，而左右将军用的是麒麟。因此沿着这种思路就有了明清时代文官穿禽武官穿兽的总体分别。

第二，个性定制毕竟不适合大规模制作，所以武则天的做法在明清得到了扬弃。具体做法是把按等级设计的禽兽花纹先行绣制在尺寸相同的面料上，再补在官服的前胸后背。这块标示着等级的面料叫补子，缝着补子的官服叫补服。这种不依靠色彩区分等级的方法，一是可以增加等级数量，二是大大简化了官服制作的过程，并节省了成本。

七、那美丽的蓝花布

服装花纹的制作工艺一般有绘、绣、织、印四种，其难度也依次递增。在《尚书》当中舜帝提到十二章纹的时候，上身用绘，而下身用绣，既与工艺发展的时代相吻合，也与上下身耐脏耐磨不同需要相切合。绘的方式在后来绣、织技术发展之后，便已经很少采用了。

图：清代官员的补服（《和素像轴》局部，故宫博物院藏）

到了唐朝，当绣、织足以呈现所有图案时，印染技术也取得了重大成就。

1. 夹缬、绞缬和蜡缬

在古代印染技术当中，以夹缬、绞缬和蜡缬最为典型。

夹缬：在两块平板上对称镂空出花纹，然后相对夹紧织物，染色时只有镂空部分得以上色。这种技术运用的是防染思维。特点是花纹自由，操作简单，但前期刻版较难，且印花面积有限。

绞缬：与夹缬相同，运用的也是防染思维。只是防染的方法是用线绳对织物做局部捆扎，使染料无法渗入捆扎部分而留下空白。特点是会产生晕色效果。但这种方式需要高超的捆扎技术，花纹的表现力也很受限。

图：蓝花布

蜡缬：还是运用了防染思维。但是防染的手段改成用蜡。用蜡直接在布匹上绘制图案，染后去蜡即可。特点是花纹自由，并且可能由于蜡迹出现纹裂而产生独特的效果。不足在于绘制重复花纹的难度较大。

三种工艺采用的都是防染思维，花靠非花反衬而呈现，这种思维也许正是老子在《道德经》当中说的"有无相生"吧。

有了这种思维，就有了风靡于明清的蓝花布。靛蓝色彩，投射出中华女性的低调含蓄；花草造型，显现了她们丰富细腻的内心。身穿蓝花布的女子有一种独特的韵味，如茉莉一样暗香浮动，集贤惠和雅致于一身。

2. 彩色夹缬的精湛

但是，夹缬、绞缬和蜡缬等传统工艺，并不只适合印染单色花纹。

在《中华古今注》当中记载：

图：唐代绀地花树双鸟夹缬

隋大业中，炀帝制五色夹缬花罗裙，以赐宫人及百僚母妻。

意思是说，隋炀帝在大业年间，令人制作五色夹缬花罗裙，赐给宫女以及百官的母亲和妻子。

到了唐朝印染技术取得了空前的成就，彩色夹缬极为盛行。日本正仓院收藏的绀地花树双鸟夹缬绝，可以让现代人见识到那个年代的精彩。如果没有对复合染色原理的充分理解，如果没有对镂空工艺的精密把握，怎么可能有这样精彩的成品流传下来呢？

八、方圆长满中国风

尽管有无数种花纹可以在服装上呈现。但是经过历史的选择，每个民族都会形成独特的倾向。中国历史上出现的花纹，最常采用的是方形、圆形，或者由长曲线条构成的图形，而很少采用三角形。

1. 天圆地方

中国人自古就有天圆地方的观念。这一观念来自古老的哲学，也体现在各种艺术形式当中。比如城池的规划、建筑的造型，甚至钱币的形状也在运用这样的思想。同样布匹上的花纹，圆形和方形也是主流。

2. 长曲线条

从远古开始，长线条就作为花纹而长期存在。比如云纹、雷纹、回纹、戳纹、万字纹等。长曲线条的花纹，是古代蛇类的抽象表达，同时也有长远和长久的美好寓意。

| 云纹 | 雷纹 | 回纹 | 戳纹 | 万字纹 |

与国画的留白思维相反，古代常用花纹充满整块布匹，清朝尤其。这种局面的形成可能有两个原因。第一，在古代花纹越浓密造价越高，穿着者就越能彰显身份。第二，祖先向往美满生活，满眼花纹会让人获得心灵满足。所以中国古代审美当中含有大比例的情感因素，不只是强调单纯的视觉感受。

图：绣有《百子图》的明代皇后礼服（《中国衣冠服饰大辞典》）

第八篇：飞龙在天

古代有一种非常重要的服装，因为穿着者的特殊身份而备受关注。这种服装就是龙袍。

现代人口中的龙袍，多是通俗叫法，就是把皇帝所穿有龙的服装都叫龙袍。但从严格意义上讲，称为龙袍要有两个基本条件：一必须是上下连裁的袍服；二是以龙为主体花纹。按此标准，在上衣下裳上绘绣了十二章纹的冕服，就不能称作龙袍。

龙袍的出现和兴废过程，自然有其深刻的历史背景，与中国社会的文化变迁和政治兴衰有着密不可分的关系。

一、和合的龙图腾

可以说，龙袍是在龙崇拜充分建立起来之后才出现的。因此，需要首先了解龙的来历以及龙崇拜的发展过程。

1. 合符釜山

关于这个问题，《史记·五帝本纪》上有一句记载，在黄帝战胜炎帝、蚩尤，平定华夏之后，他——

合符釜山，而邑于涿鹿之阿。

什么是"合符"，说法不一。但是有一种说法，就是取各部落的图腾元素进行组合，最终创造出新的图腾——龙。这个说法使"合符"的含意更为确切，具有一定的合理性。虽然现代考古显示，龙图腾的出现可能更早，但仍然不能否定黄帝合符为龙的可能性。或许当时已经有部落在使用与龙近似的图腾，而釜山合符，则由黄帝主导进行了合并、调整、补充，然后得到了统一。

那么，龙应该是什么形象呢？按照《说文解字》的描述：

龙，鳞虫之长，能幽能明，能细能巨，能短能长，春分而登天，秋分而潜渊。

在这里龙是一种善于变化的生命，与"十二章纹"当中的灵变之龙品行相一致。但是这样的描述比较抽象，所以需要进入视觉层面。宋人罗愿在他的《尔雅翼》中解释道：

图：龙纹结构示意图（《中国衣冠服饰大辞典》）

角似鹿、头似驼、眼似兔、项似蛇、腹似蜃、鳞似鱼、爪似鹰、掌似虎、耳似牛。

到这里，龙的形象基本定型。

2. 形象背后是内涵

从这样一种形象当中，不难发现龙图腾的两大重要内涵。

第一，"合"：龙是多种动物的结合体。这些动物有善飞翔的，有善奔跑的，也有善潜游的，因此龙也成为海陆空全能的生命，强大至极。以龙为图腾的中华民族之所以有如此广阔的疆土，如此众多的民族，显然离不开"合"这样一种方式。

第二，"和"：如果龙身上那些来自不同生命的组件不能协作，就会出现与器官移植类似的排异反应，生命力就会丧失。因此，新组合得以健康发展的必要条件，就是必须在精神上还能够"和"。只有这样才能减少随规模壮大而出现的内在冲突，才能达到 1+1+1>3 的效果。

因此，"合"是龙图腾的形象特征，而"和"则是精神特征。中华民族向来讲究以"和"为贵。这个"和"是中华民族能够历久不衰，发展壮大的根本保障。有了"和合"，龙的创新、进取、独立等精神才能得到发挥。

二、真龙天子出生

"合符釜山"建立了龙的崇拜。这一时期，龙是中华民族共有的图腾，并非专属于哪一个部落、帝王或者皇族。但是接下来，龙逐渐被皇族垄断，形成了借势于龙的血统崇拜。这一过程主要是在秦汉之际完成的。

1. 黄帝乘龙飞天

在《史记·封禅书》当中有这样一个故事：黄帝带领百姓在首山采铜铸鼎。功成之时，有一条龙垂着须髯下来迎接黄帝升天。黄帝首先骑在了龙背之上，群臣以及妻儿等七十余人也爬了上去。这时龙开始飞升，那些挤不上去的小臣，奋力抓住龙的须髯。但因人多重量大，龙髯被拉断，连黄帝的弓也被拉落下来。黄帝升了天之后便成为了天帝。

显然，在这个故事当中，龙还只是黄帝升天的坐骑。黄帝并非龙的

图：秦始皇像（明《三才图会》）

图：汉高祖刘邦像（明《三才图会》）

化身，龙也不是黄帝的原身。

2. 秦始皇和祖龙

但是司马迁还讲到了另外一件事情。讲这件事的时候他的观点显得有些暧昧。也许透露出的是司马迁自己，或者是秦代人对于龙的矛盾态度。

在《史记·封禅书》当中有一句话：

昔秦文公出猎，获黑龙，此其水德之瑞。

就是说在秦始皇统一中国之后，有人对他说当年秦文公曾经擒获过一条黑龙，说明秦得水德，黑龙应该是后来秦国兴盛的预兆。这个说法启发了秦始皇，于是他废除六冕之制，以黑色为尊。但是，这个故事也说明在秦文公的时候龙的地位并非至高无上，否则人们从心态上就不敢，从能力上也无法将其擒获。所以，这时龙还只是预示秦国强大的吉祥物。

但是，司马迁在他所著的另外一篇《史记·始皇本纪》当中，又讲了一句话，透露了另外一种信息：

因言曰：今年祖龙死。

很多人认为这句话中的祖龙，就是指秦始皇本人。南朝时期的历史学家裴骃在注释当中引用了汉末人士苏林的话：

祖，始也；龙，人君像。谓始皇也。

意思是说，祖龙指的就是秦始皇。但是，嬴政本人却对这个说法进行了否认，他的说法是：

祖龙者，人之先也。

祖龙是人的祖先，这一说法应该来自伏羲女娲人首蛇身的传说。蛇又称小龙，是龙图腾的主体来源，而伏羲女娲又是中国人心目中的祖先。所以，秦始皇说祖龙，也就是伏羲女娲早已去世了，所以"祖龙今年死"是与他无关的。这样一来虽然开脱了自己，但同时与龙的关系就变疏远了。

虽然在秦朝龙与皇帝的关系还是模糊不清，但已经开始有了直接对应的苗头。

3. 汉高祖刘邦的血统

但是接下来，司马迁在《史记·高祖本纪》当中又讲了一个故事。说的是汉高祖刘邦的母亲刘媪曾经在大泽岸边休息，沉入梦境与神相遇。

这时候电闪雷鸣，天色昏暗。太公，也就是刘邦的父亲去找刘媪，看见一条蛟龙盘在她的身上。不久刘媪有了身孕，生下了高祖。

太公往视，则见蛟龙于其上。已而有身，遂产高祖。

可以说就是这个故事把皇帝和龙画上了等号，此后真龙天子就成了皇帝的代名词。于是，皇帝由姓赢变成刘姓，以及此后变成杨、李、赵、朱等姓氏所产生的血统问题，做了统一解释。尽管他们在人间的姓氏不同，但都是龙的孩子，因此都具有执政的合法性。到这里，龙与普通百姓就变成了统治和被统治的关系了。

三、君权神授的效应

在刘邦之前先哲们所讨论的问题重点集中在以道治国、以德治国、以礼治国、以法治国等治国理念，很少关心治国权力从何而来的问题。然而这个问题是执政的首要问题。

1. 董仲舒的天人感应

尽管中国早期也崇拜天地，但是没有一个完整的神话系统，人们在天地面前的自我定位往往是被动的。老子在《道德经》里说：

天地不仁，以万物为刍狗。

就是说上天并不讲人间的所谓仁义，把万物及众生只当成小狗一样看待。强调的是天地的自然恒常，人只有自觉地去顺应天道才有好日子可过。

但是，人们对这样的上天似乎并不满足，更希望它能充满感情地对待人类。汉代学者董仲舒的"天人感应"学说，就是在顺应这种心理的基础上，为封建帝王找到了执政的依据。因此他把上天"人格化"，是一种能思考、有感情，并且可以用人的方式与之沟通。而沟通的归口只放在了由上天生下的天子那里。

于是，君权神授，天子具有了领受上天旨意，治理天下百姓的权力。

2. 天子的样子

但是到这里会出现一个非常麻烦的问题，就是上天生的儿子到底应该长成什么样子？总不能是一口倒扣着的大锅吧？所以给天子一个具体、有生命，同时又有神力的形象，便自然成为政治需要，而龙恰恰能够符合所有要求。

像 舒 仲 董

图：董仲舒像（明《三才图会》）

于是，人类开始分化。其中一小部分具有了非人的血统，是真龙天子。在此背景下，龙开始从十二章纹所构成的生态系统中突破出来，独立运用在一种新的帝王服装，即龙袍之上。

3. 龙袍和冕服的差别

冕服上使用的十二章纹是一个生态系统，也可以理解为古代帝王和高官的胜任模型。体现了典型的以德治国理念。龙只是十二分之一，并非至高无上。其中绘有龙纹的衮冕，天子和公爵皆可穿着。差别只是天子用升龙，公爵用降龙。形态不同体现的是等级差别，并没有引发龙在十二章纹当中含义的变化。

但是龙袍的不同之处在于两处明显的改变。

其一，原本上衣下裳与天地相应的形制，改变为上下连裁的袍服。天地的概念退后。而袍服的直筒又与龙的体态取得了形似，使龙的意象得到加强。

其二，在本已与龙形似的袍服上，再加入龙为主体的花纹，可谓强化到了极致。皇帝与龙的关系就变得不言而喻了。

左图：天子衮冕用的是升龙
（《新定三礼图》）

右图：上公衮冕用的是降龙
（《新定三礼图》）

所以就哲学和政治内涵而言，龙袍和冕服根本不是一回事儿。

四、似有若无的年代

尽管龙的地位已经改变，但龙袍还需要漫长的时间才能超越传统冕服的地位。

1. 对李世民龙袍的质疑

从南北朝时期开始，北方游牧民族的袍服在中原地区逐渐流行。到了唐朝，圆领袍服已经成了皇帝的常服。目前，有一张李世民的画像被视为经典，常常作为唐朝龙袍的重要参考。

但是这个经典形象是否真实，却有很多现代人表示怀疑。

怀疑的理由如下：

一是从历史文献看，《旧唐书·舆服志》《新唐书·车服志》《唐会要》等史料，都没有龙纹单独出现在皇帝袍服上的记载。明朝的大型文献《三才图会》当中所有唐朝皇帝画像，没有一位身上出现龙纹。

二是这幅画的笔法、构图、色彩、花纹、衣领、腰带等，有人发现很多来自其后其他朝代的痕迹，所以这幅画很可能是后人的作品，是参照后世的龙袍绘制的，并非真实的唐太宗。如此说成立，龙纹自然是不可靠的。

2. 武则天赏赐的盘龙袍

但是在唐朝时期，龙袍也并非没有留下一点蛛丝马迹。

武则天的无字碑两侧都使用了龙纹，说明龙已经拥有相当高的地位。并且，也就是这位女皇，为龙袍的存在留下了一条重要线索。在《旧唐书·舆服志》和《唐会要》当

图：李世民像（《历代帝王图》）

中记载武则天赏赐绣袍给臣下，其中赏赐给诸王的是由 16 个汉字环状围合的盘龙。

尽管武则天赏赐绣袍只是暂短的历史存在，但却说明唐代出现这样的花纹，无论是思维上还是技术上都已经成为可能。尽管龙袍在当时没有被列为皇帝常服，但如果李世民想穿，谁又能拦得住呢？

3. 历史真相还是模糊的

按理说只要有武则天这一条史料，足以说明盘龙袍并非虚构。但另一种说法使得这一佐证遭遇了挑战。在《通典·卷六十一》当中，也有版本把武则天赏赐给诸王的绣袍，记载为盘石袍。其实在这次赏赐之前，武则天还曾经赏赐过以文字围成圆圈，中心花纹为山的图案。按这个说法，此次使用盘石具有一定的连贯性。于是历史的真相又变得模糊了。

后来，赵匡胤陈桥兵变，黄袍加身变成了取得皇权的形象说法。但为什么不说龙袍加身呢？以命名的角度，称为龙袍更加合理。以此为据进行反推，很可能唐朝皇帝所穿的黄袍上面普遍无龙，而李世民只是一个特例而已。

五、包青天打龙袍

龙袍第一次正式成为皇帝常服是在宋朝。但是，那时的龙袍并不是黄色，而是绛纱袍。

图：宋高宗皇后像

1. 宋朝对龙的重视程度

在宋代皇帝的服装当中，冕服和绛纱袍上面都有龙纹。不仅如此，皇后头戴的凤冠上，往往饰有多条龙凤。

例图为宋高宗皇后头戴的凤冠。按照《宋史·舆服志》的说法，皇后的凤冠上有九龙四凤，而皇妃的冠饰则用九翟四凤，翟就是雉鸡。可见那时候龙的使用受到了严格的限制，非皇族的至尊女性不可使用。而另一方面，凤的使用相对宽松，其地位上不见得比雉鸡更高。虽然皇后是女性，但从政治的角度出发，龙是血脉，无论男女，这个核心都要体现。

2. 《打龙袍》

宋朝皇帝的绛纱袍，因为以龙纹为主体，成为名副其实的龙袍。有一出传统戏剧《打龙袍》，讲的是宋朝的故事。其中表达了一种社会共识，就是龙袍等同于皇帝本人。

故事说的是宋仁宗时期，包拯奉旨到陈州放粮，在天齐庙遇到了一位老年盲人女乞丐李氏。李氏自称是当朝天子的亲生母亲。这件事情显然会成为爆炸性新闻，因此李氏必须拿出过硬的证据。她的证据是黄绫诗帕，上面有老皇帝写给李氏的情诗。于是包拯答应转告皇帝，好让他们母子相认。但是，让皇帝突然管陌生女人叫妈，并且还是位盲人乞丐，困难可想而知，所以需要策略。什么策略呢？包拯回京之后，借元宵观灯之际，搞了一场戏，在戏里指责皇帝不孝。

本来节过得挺高兴，却被人无端指责不孝，并且是在推崇儒家的宋朝，所以仁宗很生气，后果很严重，下令要斩杀包拯。情形紧急之下，老太监说出了真相。原来是当年刘妃陷害李氏，用狸猫换太子，致使老皇帝以为李氏生了个妖怪，因此李氏身受残害，去向不明。真相大白之后，假太后刘妃自尽，同谋太监郭槐处斩，仁宗迎接李后还朝。李后回来之后，责备仁宗不孝，命包拯责打。

就算包拯是位清官，但是打皇帝这种事情，还是不敢下手。最后采取了一个折中的办法，宋仁宗把龙袍脱下，让包拯打龙袍替太后出气。而这种方式，显然跟曹操割发代首，赵匡胤《斩黄袍》都是相同的套路。

当然，《打龙袍》只是艺人的编排。狸猫换太子只是一个传奇故事，但是其中皇帝穿着龙袍，却是符合历史背景的。

图：包拯像（明《三才图会》）

六、夸张再夸张

宋朝虽然有了名副其实的龙袍，但龙的运用相比后世还是相当低调的。在接下来的元明清三代，龙的运用可谓夸张疯狂变态到了极致。

1. 数量夸张

以现代人的眼光看，元明清三代对龙纹数量的逐渐夸张，发展到了触目惊心的状态。也许那个时代就是要追求惊悚的效果，以达到震慑人心的目的。尤其是元清两朝，这种震慑显得尤为重要。因为他们的文化与中原农耕民族明显不同，想要全部吸收中原文化短时间内很难做到。所以选择中原百姓心中最神秘、权威，并且熟悉的龙纹，则很容易被理解、接受和尊重。把龙纹进行高度夸张，算是一种政治谋略。所以，元明清的龙袍很难从审美的角度去欣赏，因为穿着的初衷不是为了美感。

但是物极必反。这种极致的垄断和夸张，意味着与百姓彻底的脱离。于是，从龙纹使用来看，到这个时候封建王朝的气数快要尽了。

2. 种类多样

因为皇族有能力投入巨大的人力物力，所以也刺激龙在文化艺术方面的发展。从元代开始，龙的形象高频率出现在建筑、舟车、家具、器皿、旗帜、织锦当中。

图：团龙

图：正龙

图：立龙

图：行龙

在元代，蒙古传统织锦"纳石失"技术传入了中原，并在南京落地生根，经融合后形成了江宁织造的优势产品"云锦"。"纳石失"的主要特色是织金，所以云锦往往会有流光溢彩、富丽堂皇的视觉效果。明清皇帝袍服上的大型龙纹，往往出自江宁织造。

这一时期，龙的纹样越来越丰富，逐渐形成了一个体系。比如：

正龙：

正龙也称为坐龙。特点是龙首正向，龙身盘曲，四肢均匀分布于上下左右。《清朝通志》当中说到，皇帝龙袍除了十二章纹以外还要绣九条龙。其中领前、领后、袖端各正龙一条。

团龙：

团龙的龙首侧向一方，身体可呈多种盘曲状。团龙可用于皇帝以及贵族的服装之上。武则天时期的盘龙如若存在，应该与团龙相似。

立龙：

立龙的特点是龙身垂直，龙首侧向，形似站立。这种龙纹可用于皇太后、皇后的服装之上。

行龙：

行龙的特点是龙身侧向，昂首竖尾，作奔行状。在《清朝通志》当中记载：皇帝朝服，色用明黄，其两肩、前后正龙各一，要（腰）帷行龙五，衽正龙一，襞积前、后团龙各九，裳正龙二、行龙四，披领行龙二，袖端正龙各一。可见繁琐。

子孙龙：

以一条大龙为中心，周围盘曲多条小龙，象征子孙兴旺，永坐江山。

二龙戏珠：

这个龙纹在明清时代比较流行。老百姓对这个花纹最为熟悉。现代学者认为是出自一个民间传说故事。

相传，有两条青龙于天池山中修炼，它们时常行风播雨，备受百姓的爱戴。那里也是仙女们洗澡的地方，每当月洁风清时，仙女们就到这里洗澡嬉戏。

一日，仙女们在池中正洗得尽兴，忽然一个浑身长毛的怪物猛扑过来，两条青龙闻声而来，齐心英勇奋战，将怪物打败。

仙女们把青龙搭救的事情，告诉给了王母娘娘。王母心里高兴，就从宝葫芦里取出一颗金珠送与青龙，希望它们早日修炼成功。但是金珠只有一颗，它们谁也不想独吞，于是你让给我，我推给你。在推来让去之际，一颗金珠在二龙之间蹦上跳下，发出闪闪的金光。

后来，此事惊动了玉皇大帝，便派太白金星下凡查看。

太白金星看后，把两条青龙潜心修炼，心地善良，讲义气的美好品德向玉帝汇报了。玉帝也受了感动，便又取出一颗金珠令人给青龙送去。于是，它们各吞下一颗，都成了掌管命运的天神。

七、龙成为主脉络

龙毕竟是中华民族的共同财富。几千年的发展，使得龙最终演变成了服装花纹的主脉络。

1. 龙的具象化

虽然龙本身并不存在，但是它的组合元素却是现实中的具体生命体。按照古人的定义，龙是由九种动物整合而成的——鹿、驼、兔、蛇、蜃、鱼、鹰、虎、牛。这些动物既有食肉的，也有食草的；既有天上飞的，也有地上走的、水里游的；既有胎生的，也有卵生的。因此，囊括了地球上大部分生命形式。而这些动物需要生存环境，因此需要有天上的日月星云，地上的山川花草，大海的波浪帆船。可见各种自然环境和动植物，似乎都以龙为灵魂。于是龙成为统合花纹形象的主脉络，就具有了一定道理。

图：二龙戏珠

图：北海公园九龙壁（局部）

2. 龙的抽象化

龙的神奇之处不仅在于对形象花纹进行统合，还在于它对抽象花纹的巨大影响。

龙纹的主体是一根线条，而线条是构成抽象图形的核心元素。因此，龙的各种形态，盘卷的、飞腾的、行走的，就可以抽象成多种传统图案。比如下面最典型的几种。

云纹：圆形的线条缠绕花纹，可以理解为一条盘龙。

雷纹：方角的线条缠绕花纹，同样可以理解为一条盘龙，只是更具

图：以龙为主脉的世界

抽象意义。

回纹：一根线条两端分别向不同方向盘曲缠绕，就构成了回纹。

黻纹：在十二章纹当中的最后一个花纹"黻"，按照古人的解释为两弓相背，或者两己相背。这样的解释都有道理。但是解释为两龙相背，从形态上看也未尝不可。在古代，龙也并非都是神圣而善良的，尤其在早期，也有恶龙出现的故事。如果只取黻纹中的一条，再进行复制延长，就产生了形如长城的花纹。

回黻纹：将黻纹和回纹结合起来，就有了广泛运用在建筑、家具、器皿、刺绣、布匹等方面的花纹。这种花纹在庙宇中也会经常见到。把黻纹的向善背恶，与回纹的龙形相结合，这样的解读应该更接近宗教的诉求。

图：建筑中的"回黻纹"

更进一步，就连中国的文字都可以想象成由龙构成的。在唐韦续《墨薮·五十六种书》中说道：

太昊庖牺氏获景龙之瑞，始作龙书。

这句话完全可以理解为根据龙的形态创立了文字。

以上种种图案，甚至包括文字，在服装上都有运用。汉代开始布匹上就有文字出现，到现代仍可见带有"寿"字的服装被广泛穿着。

当龙可以同时连接具象和抽象两个领域的意象时，中国传统花纹就有了一条主脉，古人的创意空间就圆通了。这就是龙图腾的绝妙之处！

由冕服到龙袍，龙图腾逐渐走上了至高无上的总领地位，但同时也开启了远离民众的孤独模式。显然，作为中华民族的精神象征，龙图腾应该属于每一位中国人。

第九篇：百鸟朝凤

人类对于飞鸟的崇拜是一种普遍现象，中国当然也不例外。现在已经通过多处考古发现，佐证了远古时期鸟崇拜的存在。早期的鸟崇拜，也许还是人类出于对飞翔能力的渴望。中国的鸟图腾向凤凰图腾的演化过程中，审美的追求和神圣化的需要就自然凝合到了一起。

一、龙凤呈祥的局面

鸟崇拜虽然普遍，但是早期凤凰并没有成为华夏联盟的重要图腾。

1. 十二章纹当中并没有凤凰

在《尚书·益稷》当中舜帝提到了十二章纹。其中与鸟图腾有关的是第六种，华虫。华虫就是雉鸡，俗称野鸡。因其羽毛的美丽，用来比喻文采昭著。

在周朝，王后的礼衣有六种。前三种，袆衣、揄翟、阙翟，皆以华虫，也就是雉鸡作为主体图案。说明在周朝已经借用华虫羽毛的美丽来表达女性之美。

那么，为什么只用华虫作为象征，而不采用凤凰呢？难道那个时候还没有凤凰吗？

就在这篇《尚书·益稷》当中，还有一句话"箫韶九成，凤凰来仪"，这说明凤凰已经存在，但它却属于远来的友邦。照此理解，十二章纹当中不用凤凰也是顺理成章的。

2. 凤凰的形象丰满之后

关于凤凰图腾的形成，历史文献当中留下的痕迹很多，但非常复杂。总体上看也是逐渐走向丰满的。到了汉代，学者许慎在《说文解字》当中对凤凰做了这样描述：

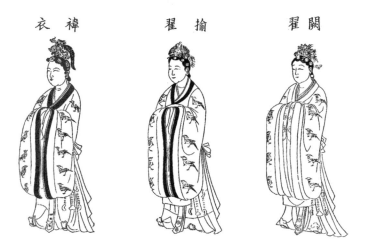

衣褘　　　翟揄　　　翟阙

衣鞠　　　衣展　　　衣褖

凤之象也，鸿前麟后，蛇颈鱼尾，鹳颡鸳思，龙文虎背，燕颔鸡喙，五色备举。出于东方君子之国，翱翔四海之外，过昆仑，饮砥柱，濯羽弱水，暮宿风穴，见则天下大安宁。

这段描述透露出如下一些信息：

其一，凤凰出于东方君子之国。这与今天在大汶口文化和龙山文化遗址当中发现的原始凤凰图腾具有暗合之处。

其二，凤凰图腾也是多种生命整合而成，同样含有与龙图腾类似的"合"、"和"精神。

其三，这段文字描述了凤凰的活动范围和生活习性。

其四，凤凰是神鸟，它的现身，将会带来"天下大安宁"。实际上，这一点才是凤凰图腾最为重要的意义。与龙图腾的道理相同，多种生命体也就是多个部落的象征，当这些部落整合为一体，其间的冲突不见了，抵制外来侵害的能力加强了，大安宁也就变得可以期待了。

当然凤凰在文化层面的具体含义《说文解字》当中并没有说明。但在《宋书·符瑞志》当中却有一个详细的说明。

首戴德而背负仁，项荷义而膺抱信，足履正而尾系武。

于是，凤凰除了形象的美丽之外，还是美德的化身。这就为后来被皇族借用提供了理由。

图：龙凤呈祥

3. 龙凤呈祥的背后

龙凤呈祥是古代非常重要的花纹。龙凤在同一空间内盘旋嬉戏，灵动和谐，充满吉祥之意。但是稍加思考，就会发现这是一个奇异的组合。龙和凤，无论是来源、形象、能力，都不属于同类生命。因此这种大胆象征，必然蕴含另外一些特别的意味儿。

从黄帝开始华夏联盟逐渐扩大。华夏大地首先发生的是东西方向的大融合，后来以龙崇拜为主的夏，以鸟崇拜为主的商，也是这种融合的一部分。进而，南北方向也发生了大规模的合并，于是地处东南和西南的鸟崇拜的部族，也都成为了华夏大家庭的成员。而这些鸟崇拜部族虽然早期不全用凤凰图腾，但毕竟两者之间具有更大的相似性。因此融合之后开始凤凰崇拜，更符合这些部族的心理习惯。

可以说，龙凤呈祥背后透射出了中华民族的历史演变图景。龙、凤原本并不与皇帝、皇后对应，而是与不同崇拜的部落对应。这样才能解释两种不同的生命体，可以在同一个空间内盘旋嬉戏，并且这样的场面会意味着吉祥。

不得不提的是，凤凰尽管是神鸟，但在能力上，祖先们还是给它做了保留。龙的潜水能力，凤凰是没有的。这可能是因为当时龙图腾部族的地位更高，也可能与古代男女地位的差别有关。

二、汉代凤凰的地位

与龙最初的待遇几乎相同，凤凰尽管是神鸟，也为人们所崇拜，但仍然可以作为人类的坐骑，并不是至高无上的。

1. 汉代的"弄玉吹箫"

在汉代学者刘向《列仙传》当中讲过这样一个故事：

萧史善吹箫，作凤鸣。秦穆公以女弄玉妻之，作凤楼，教弄玉吹箫，感凤来集，弄玉乘凤、萧史乘龙，夫妇同仙去。

秦穆公虽然是春秋五霸之一，但地位仍在周天子之下。所以，弄玉的地位是无法跟周王的后妃相提并论的。但是在故事当中，弄玉却能乘凤而去，显然凤凰还没有跟王后画上等号。这个时候，凤凰仍然只是一种神鸟。尽管形象美好，尽管还具备飞翔能力，但在故事当中仍然是可

图：吹箫引凤（明仇英《人物故事图》）

以为人所驱策的。

当然，神鸟毕竟是神鸟，能够享受这种待遇的，在秦汉时期往往也只是宫廷和权贵。

2. 赵飞燕的留仙裙

但是凤凰毕竟是美的象征，其形象影响女性审美心理也是必然的。所以古代女性服装会自觉或不自觉地向凤凰靠近。

在中国古代著名的美女当中，汉成帝的皇后赵飞燕是非常有个性的一位。她能被后人记住的主要有两点，一是身材瘦弱，二是擅长舞蹈。两者加在一起，使她练成了一样绝活，就是做"掌中舞"。

也许汉成帝天生喜爱舞蹈，也许是因为喜爱赵飞燕进而喜欢她的舞蹈。总之，喜爱的力量催动汉成帝，专门为赵飞燕造了一座四十尺高的瀛洲榭。瀛洲在古人眼里其实就是东海仙山。四十尺高在当时的建筑当中是一个令人仰望的高度，因此会有一种超越凡俗，接近仙境的感觉，是飞得出凤凰的地方。

这一晚，赵飞燕身穿云英紫裙登台了。云英是一种云气，具有朦胧感；而紫色，紫气东来，也有道家的仙气。于是萧管齐鸣，琴瑟相应，赵飞燕在《归风送远》之曲的乐声中，轻盈地舞动衣袂，把人们带入梦幻当中。

秋风起兮天陨霜，怀君子兮渺难忘，感予意兮多慨慷！

天陨霜兮狂飚扬，欲仙去兮飞云乡，威予以兮留玉掌。

但是就在这时，一阵狂风突然平地而起。于是高高的舞台、轻盈的身体、大大的裙摆，立即转变成了危险因素，裙摆像伞一样全被吹到了身后。估计这位皇后此时也想玩玩心跳的感觉，只见她张开了两袖，做出了翩然欲飞的姿态，似乎马上就要羽化登仙了。

但汉成帝却被这种情景吓坏了，连忙叫乐师们拉住她的裙子。等到风停了，赵飞燕无恙，但裙子却被抓得皱皱巴巴的。

赵飞燕人美、歌甜、舞也好，但更为厉害的是她还很善于抓挠人心。这个时候她抽泣着说：皇帝如果真的爱我，就让我马上成仙去好了。

汉成帝以为赵飞燕受了惊吓，很心疼，也就更加宠爱了。所以——

他日，宫姝幸者，或襞裙为绉，号曰留仙裙。——《赵飞燕外传》

从那以后宫中盛行带褶皱的裙子，美其名曰"留仙裙"。留仙裙的样子今天已经看不到了，但是受它影响后来出现的百褶裙，现代人可以作为参考。百褶裙就是在纵向做了很多皱褶，因此视觉上会有色彩明暗的交替变化和立体感。并且裙幅可以做得很大，既可收缩使人变得苗条纤细，又可蓬松而产生飘逸之感。

很显然，这种纵向线条的裙子，已经有了凤凰尾部造型的神韵。

三、唐代的凤凰热

唐朝是一个开放繁荣的朝代。原本只为宫廷和权贵所用的凤凰，这一时期进入了广阔的社会生活，进而形成了一次凤凰热。

1. 凤凰可以比喻任何人

在唐代以前，凤凰就是凤凰，并不轻易以凤喻人。偶尔被人赞美为凤凰的，往往都是君王、圣贤或是超群拔俗之人。被喻为凤凰的女性更是很少见到。并且，比喻就是比喻，并不等同为一体。

但是到了唐代，繁荣的文化，开放的思想，也激活了人们对凤凰的热情。那个时候，凤凰所喻指的人物非常广泛，皇帝、皇后、嫔妃、公主、官贵、贵妇、文人、才俊、幼童、僧人，甚至贫女和妓女也都可以享受这份荣耀。

比如：

白鸥毛羽弱，青凤文章异。

白居易《感秋怀微之》当中的青凤所喻微之即诗人元稹。

一鸟自北燕，飞来向西蜀。……群凤从之游，问之何所欲。

卢照邻《赠益府群官》将益府群官都喻为凤。

前鸾对舞，琴里凤传歌。——张说《温泉冯刘二监客舍观妓》

深岩藏浴凤，鲜湿媚潜虬。——温庭筠《过华清宫二十二韵》

凤逐青箫远，鸾随幽镜沉。——上官仪《高密公主挽歌》

吾宗挺禅伯，特秀鸾凤骨。——李白《登梅冈望金陵赠族侄高座寺僧中孚》

可见凤凰在唐朝已经彻底深入人心，成为国民审美认同的典型符号。

2. 凤凰大量出现在服装之上

这种审美认同，当然不仅仅会反映在语言之上，人们的穿着也在广泛植入凤凰元素。

唐代丝织业已经非常发达，纺织、刺绣、染色等技术都达到了很高的水平。因此在服装上无论是呈现凤凰的造型还是色彩，都没有技术瓶颈。所以：

仙机札札织凤凰，花开七十有二行。——孟郊《和蔷薇花歌》

凤凰是唐代男女衣服上较常见的花纹，尊为皇帝，卑为征夫，都喜穿绣有凤凰的衣服。在唐代画家张萱所绘的《唐后行从图》当中，武则天的蔽膝上就绣有凤凰图案。并且在武则天当皇帝期间赏赐给宰相的绣袍也绣有凤池图案。

唐代诗人腾潜有一首诗是这样写的：

金井栏边见羽仪，梧桐树上宿寒枝。五陵公子怜文彩，画与佳人刺绣衣。

——唐 滕潜《凤归云》

说的就是把凤凰的花纹色彩，拿来当作图样刺绣衣裙。

3. 百鸟之王地位的确认

唐朝是开放繁荣的，对凤凰的认识也呈现出了多种倾向。一方面飞入寻常百姓之家，另一方面又在塑造它的崇高地位。

在宋人所著《太平御览》的第九百一十五卷曾引《唐书》当中的两段话：

《唐书》曰：武德九年，海州言凤见于城上，群鸟数百随之，东北飞向苍梧山。又曰：太宗时，莒州凤皇二见，群鸟随之。其声若八音之奏。

——宋·李昉等《太平御览》九百一十五卷引《唐书》

这便是成语"百鸟朝凤"的出处。

虽然《唐书》一般认为成书于五代时期，并且这些文字也带有一定的神话色彩，但总的来说凤凰作为百鸟之王的地位，应该是在唐代得到了确认。

4. 安乐公主的百鸟裙

在唐朝有一位安乐公主，她的百鸟裙闻名于后世。公主在唐朝经常

被比喻为凤凰，因此穿百鸟裙也就有了一种百鸟朝凤的意味儿。

安乐公主的小名叫李裹儿。是唐中宗李显和韦皇后生的女儿。李显是唐高宗李治和武则天的儿子，在高宗去世以后当了皇帝，但他母亲武则天当皇帝的欲望更强，所以将其贬为庐陵王。安乐公主就是这时在路上出生的。因为仓促，临时解下衣服当作褓褛，因此得名"裹儿"。

李裹儿出生在动荡之中，长大以后性情也非常特别。除了聪明伶俐，能言善辩的优点之外，她的身上还有蛮横霸道、奢靡无度、权力欲极强等毛病。在她二十五岁时，李隆基发动政变时将其诛杀，追废为"悖逆庶人"。

在《旧唐书·五行志》当中记载了一件事情。

中宗女安乐公主，有尚方织成毛裙，合百鸟毛，正看为一色，旁看为一色，日中为一色，影中为一色，百鸟之状，并见裙中。

这就是著名的百鸟裙。这样的裙子一共做了两条，一条自己穿，另一条给了母亲。这条裙子的花销无疑是天文数字。

由于公主带动，很快形成了社会风气。女人对时尚当然要比男人敏感并且狂热，所以就出现了一个现象：

自安乐公主作毛裙，百官之家多效之。江岭奇禽异兽毛羽，采之殆尽。

——《旧唐书·五行志》

这样一来，奇禽异兽面临着一场浩劫。公主带动百官，百官带动百姓，稍微漂亮一点的鸟兽，毛都被拔光了。这种奢侈和残忍，当然也会引起大臣们的不满。于是——

图：唐玄宗像（明
《三才图会》）

开元初，姚、宋执政，屡以奢靡为谏，玄宗悉命宫中出奇服，焚之于殿廷，不许士庶服锦绣珠翠之服。自是采捕渐息，风教日淳。

——《旧唐书·五行志》

唐玄宗发动政变杀了安乐公主之后当上了皇帝，年号为开元。姚崇和宋璟做了宰相。在两位的反复劝谏之下，唐玄宗让宫中女人交出所有奇装异服，包括那些用羽毛做的衣物，在大殿之下一把火烧了。从此不许平民和士人穿戴锦绣珠翠。这样，捕猎鸟兽之事才逐渐平息，社会风气也变得日益淳朴。

四、霓裳羽衣的样子

安乐公主和她的百鸟裙虽然退出了舞台，但是唐朝人对美服的追求，并没有因此而中断。就在唐玄宗年间，出了一套古今闻名的裙装，霓裳羽衣。这套裙装，虽然并不是直截了当地使用凤凰图案，但分析起来，仍然能看出凤凰对服装造型的巨大影响力。

1. 音乐、舞蹈及诗歌

首先，必须注意到霓裳羽衣之所以闻名于世，主要得益于李隆基、杨玉环、白居易三位艺术家的推动。

唐玄宗李隆基，虽然皇帝做得毁誉参半，但是在音乐方面却是出类拔萃的。他可以演奏多种乐器，并且都是专业水平。他组织的专业演奏班子在梨园排练，庞大的乐队中间有哪位乐师出错，他都能听得出来。当然这些对他来说还是雕虫小技，更大的作为是他作过很多部乐曲，其中最为著名的是《霓裳羽衣曲》。

关于唐玄宗作《霓裳羽衣曲》，正史上记载的是河西节度使杨敬述进献了印度《婆罗门曲》，唐玄宗进行再次加工创作，就有了《霓裳羽衣曲》。但是历史上还有两个传说。

第一个传说：唐玄宗有一天登三乡驿遥望女几山，看罢风景回到宫中，内心有一种情怀想要表达。于是这座仙山的奇峰林立、飞瀑高悬、烟云浩渺、山光水色等一切，在唐玄宗的头脑中幻化成了缥缈的仙境，内心的向往最终变成了旋律，于是就有了《霓裳羽衣曲》。

唐代诗人刘禹锡曾在一首诗中说了这件事情。

三乡陌上望仙山，　归作霓裳羽衣曲。

　　——刘禹锡《三乡驿楼伏睹玄宗望女几山诗，小臣斐然有感》

女几山，就是四大古典名著之一《西游记》当中的花果山。

第二个传说：有一年的中秋，唐玄宗正在赏月，突然动了到月宫里走走的念头。恰好身边有一位道教的天师现场作法，然后他就平步青云到了月宫。进入广寒清虚之地，唐玄宗看见几百位仙女身穿素练，也就是洁白的纱裙，在那里翩翩起舞。与此同时唐玄宗听到仙声阵阵，清丽奇绝，婉转动人！后来，唐玄宗按照记忆复原了乐谱，于是就有了《霓裳羽衣曲》。

公元 745 年，在册立杨贵妃的仪式上李隆基让乐队演奏了《霓裳羽衣曲》。而杨贵妃恰恰是一位出色的舞蹈家，她听到音乐之后用心揣摩，依韵而舞，编成了大型舞蹈。接下来公元 751 年，发生了那次著名的贵妃醉酒，杨贵妃在木兰殿跳了《霓裳羽衣舞》。唐玄宗龙颜大悦，对她更为宠爱。《霓裳羽衣舞》此后流传数百年之久。这段音乐和舞蹈成了唐代艺术的连理枝。

两位艺术大师的作品问世之后，很多赫赫有名的文学大家也在作品中进行了咏诵。其中包括白居易、刘禹锡、李商隐、李煜、苏轼、柳永、辛弃疾等上百位著名诗人。而白居易对霓裳羽衣曲舞更是情有独钟，专门写有长诗《霓裳羽衣舞歌》，并且开篇就说：

　　千歌万舞不可数，就中最爱霓裳舞。

除了这首主题长诗，他还在多处提及。比如在《长恨歌》当中写道：

　　渔阳鼙鼓动地来，惊破霓

杨贵妃

图：杨贵妃像（《百美新咏图传》）

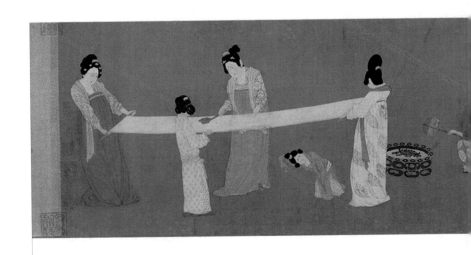

裳羽衣曲。——白居易《长恨歌》

还有，他在《燕子楼诗三首并序》当中也写道：

钿晕罗衫色似烟，几回欲著即潸然。

自从不舞霓裳曲，叠在空箱十一年。

——白居易《燕子楼诗三首并序》

2. 霓裳羽衣的样子

安乐公主死后，百鸟裙被禁绝，所以杨贵妃无缘享受鸟羽做成的服装。因此，所谓霓裳羽衣当中的羽衣，有三种可能：

一是用薄如蝉翼的丝绸制作出的飘逸效果；

二是裁剪成翅膀形状；

三是上面有羽毛花纹。

这样的羽衣显然有名无实。所以白居易在《霓裳羽衣舞歌》当中几乎没有留下有关羽衣的任何带有质感的描述。因此，霓裳就成了裙装当中的重头戏。

在古代，裳就是裙子。霓裳当中的霓，就是指裙子的色彩。

历史上，由于对霓裳的理解不同，运用的色彩也不相同。有时采用的是彩色，有时采用的是白色。可以说前者取的是形似，后者取的是神似。

先理解一下使用彩色的道理。《毛诗正义》引《郭氏音义》中的说法：

虹双出，色鲜盛者为雄，雄曰虹。暗者为雌，雌曰霓。

图：壁画《吹横笛乐女》

　　霓虹都是自然现象。霓就是伴随着彩虹出现在外圈的另一道色序相反，亮度较小的彩虹。虹属阳，为雄；而霓属阴，为雌。从这个解释出发，如取形似，当然霓裳应该做成彩色的条纹裙。而在唐朝，用绘、绣、织、印等方法，都可以获得这样的效果。唐朝的彩色条纹裙流行于世，恰好与此相吻合。但是在唐朝，色彩普遍比较浓重，因此这种方法制作的裙子能否做到清虚缥缈是有疑问的。

　　那么使用白色的道理呢？按传说描述，唐玄宗在月宫当中看到的是素练，也就是白色的裙子。虽然只是传说，但是可以作为服装设计的参考。

　　其实把白色裙子称为霓裳，从屈原那个时候就开始了。比如他在《楚辞·九歌》当中就写道：

青云衣兮白霓裳，举长矢兮射天狼。

　　很显然，如果裙摆足够大，站立的时候就会在表面形成纵向波纹。这些波纹在灯光照耀下，首先会呈现出明暗相间的效果；如果用的是丝绸，表面就会有流动的光影；甚至如果密度合适，还会通过光的衍射形成光晕。这些效果恰好是飘忽不定的，所以符合音乐表达的清虚缥缈之意境。因此说霓裳是白色的流光溢彩的大摆裙子，也有一定道理。而恰好，唐代的裙子也是裙摆大，皱褶多。

　　但是，无论是彩色的纵向条纹，还是白色的流动光晕，都与凤凰尾翼具有很大的相似性。

五、凤冠霞帔

当然，凤凰的形态不能仅仅出现在衣裳之上，同样需要占据人体的最高位置。

1. 凤冠

在白居易的《霓裳羽衣舞歌》当中有一句诗：

虹裳霞帔步摇冠，　钿璎累累佩珊珊。

这句诗描述了舞者顶戴装饰的丰盛状态。不过到底这些装饰是什么形状，却没有明确说明。但是到了宋朝，皇后头上则非常明确地戴上了凤冠。

皇后首饰花一十二株，小花如大花之数，并两博鬓。冠饰以九龙四凤……妃首饰花九株，小花同，并两博鬓，冠饰以九翚、四凤。——《宋史·舆服志》

皇后的凤冠有九龙四凤，而妃子凤冠为九翚四凤。这里的翚，其实是一种羽毛多彩的鸟，有人认为就是雉鸡。妃子的配置还在隐约体现着传统冕服十二章纹的习惯，同时也说明凤凰的法定地位仍然要比龙和雉鸡略低。

而凤凰彻底成为至尊女性独享的标志，需要等到元代禁止皇族以外使用龙凤花纹的时候。值得注意的是，恰恰也是从元代开始，龙在皇帝服装上得到了进一步强化，此后明清两代顺流直下，变得异常夸张和变态。

2. 浙江女子尽封王

宋朝的皇后非常明确地戴上了凤冠。在浙江还有一个民间故事，讲的是宋高宗赵构特许浙江女子出嫁时可穿戴凤冠霞帔，不算僭越。

金兀术攻打京城的时候，宋高宗赵构不敌金兵弃城逃跑。在金兵追杀的路上，遇见了一位村姑，用近似于阿庆嫂救胡传魁的方法救了他的性命。于是，赵构许诺若能重登皇位，将回来迎娶这位村姑。后来，金兵撤离，赵构重归金殿，想起当日的诺言，便派人前去寻找。但是，姑娘已经下落不明。赵构为了表达感激之情，下令以后这里的女子出嫁皆可戴凤冠霞帔。这样就有了所谓"浙江女子尽封王"的故事，这种风俗也流传了多年。

这个故事其实没有事实依据，可信度不高。但是故事里面透露出的民众心理，却是实实在在的。那就是望子成龙，望女成凤。

六、凤凰美学

经历了数千年的演变，凤凰脱颖而出，成为整个民族的精神图腾以及美学典范。可以说，在相当长的时间内，中国的女性都在努力把自己打扮成凤凰的样子。这一点，从前面所讲到的凤冠、羽衣、百鸟裙、霓裳、百褶裙，以及稍晚出现的月华裙、凤尾裙，都可以看出迹象。因为凤凰后来象征女性，所以对中华美学的影响是巨大的。

凤凰既跟羽化登仙的神秘相通，又跟荣华富贵的希望相接，所以为人崇拜。而崇拜凤凰，在潜意识里以之为美，进而模仿其形态，就有了顺理成章的逻辑性。望子成龙，望女成凤，那么女子如何成凤呢？能成为王后皇妃的，毕竟只有极少数人。但如能打扮得接近凤凰，虽然不能真正嫁入帝王之家，至少可以获得审美心理上的满足。

由于某些朝代对龙凤有使用的限制，所以绝大多数女性没有穿着凤凰花纹的资格。但是在图腾的强烈暗示之下，人们仍然会采用其他方式向偶像靠拢。虽然无法把图腾直接画在服装上，但下意识地运用仿生思维，使服装与图腾达到形似或神似，也不失为一种解决之道。从这个角度出发，再看传统的头饰、大袖、长裙，就会发现到处都有凤凰的痕迹。

图：明万历孝端皇后六龙三凤冠

尤其是古代女性的长裙,可以说是一个历史高度。尽管现代裙装千姿百态,长裙仍然象凤凰一样身份尊贵,所以是最重要场合的首选。

凤凰的美学影响是非常广泛的,在服装上的体现仅仅是一个方面。凤凰在园林、建筑、家私、器皿、绘画、文学、民间工艺等领域都有大量体现。同时,在为山川、河流、城市,或者子女命名的时候,凤也是常用的字眼。因此说古代存在着一种以体现凤凰的内涵和形象作为设计原点的凤凰美学,是有一定的事实依据的。

第十篇：胡服骑射

战国时期，中国出了一件跟服装有关的大事情。大到什么程度呢？

第一，司马迁在《史记》当中，不算标点符号就用了1500字。惜字如金的古人，肯用这么多笔墨，无疑问是一件大事。

第二，因为换了一套服装，让一个诸侯国的军力大增。灭掉另一个国家的同时，还向北扩张了上千里之多。

第三，这件事情，后来变成了一句成语，意思是取长补短勇于改革。尽管风流已被雨打风吹而去，但从它开始，祖先的思维却变得更加开阔了。

这件事就是发生在两千三百年前的著名的赵武灵王「胡服骑射」。

一、忧患酝酿变革

战国是一个天下大争的时代。赵国是当年的七雄之一。但是这个国家与秦、魏、齐、燕，都是邻国；这还不算，北方还有林胡、楼烦、东胡等游牧民族的活动区域。除此之外，在赵国的胸腹之地，还有一个中山国楔在其中。

1. 一个计划在酝酿当中

故事发生的时候，赵武灵王已经执政了19年。这位从14岁开始继任的国君已经被政坛和战场熏成了一块老腊肉。这个时候，他想做一件前无古人的事情。

可以这样说，这件事儿他酝酿了很久。

在这件事情之前，他首先跟大臣们开了五天的会。会议期间他没有提这件事情。然后他带领大臣们巡视中山国界，又巡视了北到西北的广大地区，纵横千余里。巡视过程中，他也没说这件事情。

为什么不说呢？因为赵武灵王知道这件事情是有难度的。他需要找一个能够让人心胸开阔豪气顿生的地方来说这件事情。这样的地方在哪里呢？山顶。

会当凌绝顶，一览众山小。在开会和巡视之后，赵武灵王带着大臣楼缓登上了黄华山顶。这个时候，酝酿已久的方案对着楼缓摊牌了。

2. 赵武灵王的解决方案

他说：我们赵国，东西南北有那么多国家虎视眈眈地，随时都可能被侵袭。不加强军事，国家就没有安全可言。但咱们的服装，长衣大袖，干活打仗都不方便，怎么办呢？

图：赵武灵王（绣像本《东周列国志》）

吾欲胡服。——《史记·赵世家》

就是说我打算学习胡人，把服装按他们的样子改改，你看怎样？

问题抛出来了，楼缓怎样说？以国君带他登顶独处的信任，还有通过登顶塑造出的开阔视野和豪迈气概，楼缓立即表示赞成：穿胡人的服装就能学习他们打仗的技能啊。可以说这句话正是赵武灵王自己不说而希望楼缓进行补充的。

这个时候赵武灵王立即说：太对了！穿胡服，咱们就可以建骑兵了！

就这样君臣之间一唱一和，胡服骑射的方案里也有了楼缓的贡献。赵武灵王得到了重臣的支持，信心更足了；楼缓参与了方案的制订，下山当然不会反对了。

二、胡服和汉服的区别

当时的胡，是指北方游牧民族，今天很多已经是中华大家庭中的兄弟民族。其实每个民族的文化都是灿烂的，兄弟民族对中华民族服饰文化的贡献也是功不可没的。

1. 胡服和汉服的概念

所谓"胡服"一词，现在使用只是按历史习惯，出于方便，而没有任何偏见。五十六个民族的服装就像百花盛开，并且历史上的服装时尚，很多也是兄弟民族之间的服装互相借鉴和融合所创造的。

与胡服相对的是汉族的传统服装，今天称之为汉服。汉服是从黄帝开创、周朝建制、汉朝修补定型的传统服装体系。在赵武灵王的时候还没有汉服的叫法，但在设计理念上可以说是一脉相承的。所以同样是方便起见，把他那个时候的传统服装也称为"汉服"。

前面讲了，赵武灵王引入胡服，取得了巨大的军事成就。但这里有个问题，为什么那个年代想要推行胡服骑射，赵武灵王会表现得那样犹豫和慎重呢？

2. 上衣下裳与上衣下裤

汉服的上衣下裳，也就是上面穿衣，下面穿裙，是最早也是最典型的形制。

图：匈奴人的左衽服装（明《三才图会》）

图：穿胡服的女真人（明《三才图会》）

首先，上衣下裳是人文初祖黄帝的贡献。是他参照自然现象天地、哲学概念乾坤制定的形制。上衣象征天，下裳象征地。既然是黄帝制定的，后人无论是出于对他的崇拜，还是出于对天人合一哲学的敬畏，都没有人敢随意改动。

其次，从生活角度出发，生活在相对温暖的地区、面料的纺织还不够精细的情况下，下身穿围裙当然更为轻松。同时先民又是在田地耕作，所以下身短裳可以明显减少清洗次数使服装更为耐久。同时通过礼仪对行为进行约束，也能有效地弥补容易走光的不足。

而相反，北方的游牧民族由于天气寒冷，经常行走于野草荆棘之间，并且还有骑马的需要，所以穿裤子就成了最好的选择。

3. 左衽和右衽

汉服除了上衣下裳，还有一个典型特征就是右衽。而大多数游牧民族采用的是左衽。右衽就是把左边的衣襟向右边遮过去，左衽相反。

为什么汉服是右衽呢？这个现象的成因，也需要从文化和生活两个方面进行思考。

关于右衽的文化，历史上交代得并不十分清晰。大致有两种说法。

说法一，相传开天辟地的盘古在倒下的时候，左眼化为日，右眼化为月，因此左为阳，右为阴。所以右衽是阳包阴，为活人穿着；而左衽为阴包阳，古代死者入殓的时候寿衣采用左衽。

说法二，按照隋唐学者孔颖达的解释，活人抽解组带以右手为便，所以采用右衽。而去世的人不需要解开衣带，所以做成左衽。当然孔颖达的解释相对牵强。

那么从生活角度出发，为什么汉民族用右衽，游牧民族大部分采用左衽呢？这一点从力学观点进行分析或许会有一些启发。

农耕民族以挥动右手为主要动作。当举右手时，如果右边的袖子连着大片衣襟，就会感觉很沉重。而游牧民族以骑马射箭为重要动作。射箭是以左手擎弓，所以左襟略小会感觉省力。

一种风格的产生首先基于现实生活，然后通过文化传统进行固化。孔子说：

微管仲，吾其披发左衽矣！　——《论语》

就是说，如果没有管仲，人们都得披头散发，穿左衽的衣服啊！披发左衽，就是野蛮人的特征。可见在春秋战国时期，左右衽的界限是非常分明的。

4. 文与武的倾向

除了衣裳衣裤和左衽右衽两种最为明显的区别之外，胡汉之服还有如下不同：

汉服宽衣大袖，胡服短衣窄袖；

汉人大部分腰缠布带，胡人腰缠蹀躞革带；

汉人脚穿草鞋或布鞋，而胡人脚蹬皮靴。

汉服的主要特点是天人合一和强化礼制。天人合一则强调顺遂自然；而强化礼制更需要彰显文德。所以汉服显得平和、宽松、优雅，但也因此缺乏战争的便利性。

而胡服，由于需要对抗恶劣的自然环境，由于长期漂泊的生活状态，所以更强调保暖，更需要搏击，更具有移动的便利性。所以相比起汉服，更加简单、干练、威武，在作战方面就有明显优势。

中国由于地域广大，多民族并存，同时容纳多种服装特色。不同的特色一旦融合起来便是文武双全。所以在武力冲突多发的年代，赵武灵王"胡服骑射"，其实是对汉服进行的必要补充，同时也实现了大中华区域内南北方向民族文化的一次借鉴及融合。

三、赵武灵王的攻坚战

赵武灵王提出胡服骑射，既改变文化传统又影响现实生活，其难度可想而知。

1. 柔和劝解关键人物

赵武灵王得到了楼缓的支持，但是还有一个重要人物必须说服，这

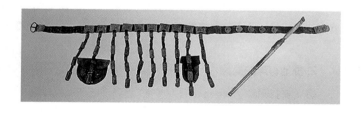

图：扬州博物馆"神秘的契丹"辽代文物展当中的蹀躞带图

个人就是他的亲叔叔公子成。而在这件事儿上，赵武灵王表现得非常出色，堪称口才大师。那么，赵武灵王是怎样说服自己叔叔的呢？

首先他派了一位大臣前去拜会公子成，对他说：在家里听长辈的，在朝廷就得听国君的。现在国君推出一项措施，您得支持啊。您要是不支持，国君没法推动啊。

对长辈，这些下级服从上级的组织原则，赵武灵王自己去说显然不方便，由第三者申明则显得更为客观，更容易接受。

但是公子成的说法也很感人。他说，我现在重病在身，暂时无法上朝。既然国君让我表态，那我就斗胆说几句。接下来他说出了自己的看法，近似今天常说的地大物博、人杰地灵、历史悠久、文化灿烂，总之这么优良的传统不能丢。而现在想放弃优良传统，改穿胡人的服装，这样做恐怕不得人心，所以请国君认真考虑。

一个回合下来，公子成更有高度，赵武灵王好像居于下风。

大臣汇报之后，赵武灵王说：哎呀，叔叔病了呀？那我得去看看！于是带着关怀，带着尊重来到叔叔家。

见了面呢，当然不能只是嘘寒问暖，自然要聊到这件大事。前面公子成说过放弃传统不得人心，赵武灵王也就从这一条开始分析。他说：

第一，所有服装都是古代圣人因地制宜创造的，重点在利于民众生存。各地情况不同，所以圣人创造的服装也不同。都好用，但也各有千秋。我们博采众长，其实是最好的选择。

第二，提倡胡服是为了建设骑兵，是为了国家安全着想。中山国勾结齐国打赵国的时候多惨啊！践踏国土，掳掠百姓，还引水围困鄗城，如果不是神灵保佑，鄗城早就沦陷了。先王们觉得是奇耻大辱，可是这个仇至今未报啊。

第三，叔叔，我可不希望大家说您为了顺从中原的习俗，而违背简主、襄主的遗志，怕担变服的骂名而忘掉了鄗城的耻辱啊。简主就是赵简子，襄主就是赵襄子，父子俩，赵国的基业就是在他们手上开创的。

话说到这个份上，公子成只能热泪盈眶了。连忙拜倒说：您把简、襄两位先祖都抬出来了，我还敢不从命吗？

2. 掷地有声的高论

虽然叔叔同意了，但是还有很多大臣呢？他们的说法跟公子成一样，都认为优良传统要坚持。这个时候赵武灵王可就没那么客气了，话说得很强势。这段话的境界和水平，实在值得后人好好学习。他说：

第一，古代圣王治理天下的思路都不相同，但尧舜禹汤都很成功。所以，法无定法，关键是适合。

第二，从夏到商，服制和礼制都没什么改变，但夏照样灭，商照样亡，所以服装没那么大作用。

第三，如果说穿衣服决定人的内心，那么穿着保守的鲁国就没有奇怪的人？穿着奇怪的吴越就没有正常的人？不攻自破嘛！

第四，常人难免流俗，贤者拥抱变化！不懂创新，能有什么出息？

循法之功，不足以高世；法古之学，不足以制今。子不及也。

——《史记·赵世家》

因循守旧，无法超越别人；效法古代学说，不可能治理今世。这些道理，你们居然都搞不清楚！

事情进行到这里，大家没什么可说的了，就照国君的想法办！

四、秦汉的迂回之路

尽管赵武灵王胡服骑射的影响巨大，但是后世都只把胡服作为军服使用，并不在生活当中穿着。因此，汉服仍然是春秋战国时期的主流。那段时间，贵族男女中还流行一种将上衣下裳缝合的深衣。

1. 秦始皇废除六冕制度

但是到了秦朝，出现了一次大的转变。秦始皇废除了周朝的六冕制度。他为什么要这样做呢？

第一，秦取代周，在政治上颠覆，在制度上也需要否定。因此六冕之服未能幸免。

第二，周朝采用家天下分封制的模式，冕服与家族统治密切相关。而统一后的中国，地域广大，光靠自己的兄弟就显得力不从心了。所以在郡县制管理结构之上需要使用大量的外姓官员。所以秦始皇废除冕服制度转而发展冠服，也是从家族统治向集团统治转变的体现。

第三，周朝的冕服制度，与儒家思想相辅相成，而秦始皇从内心里反感儒家，所以废除冕服，甚至焚书坑儒。这期间毁掉了大量的历史文献，服装资料也在劫难逃。

图：汉高祖刘邦（明《三才图会》）

2. 从汉高祖到汉明帝

汉高祖刘邦推翻了秦朝，但是他对儒家的态度也是反感的，因此对儒家推崇的周代冕服也很冷漠。再加上汉朝初期，国家太穷，无力支付制作冕服的昂贵费用，所以刘邦在服装上没做大动作。

后来经过文景之治，到了汉武帝时期，就开始"罢黜百家，独尊儒术"。司马迁在《汉书·东方朔传》当中提到冕旒和玉瑱，但未记载这一时期有何服装制度改变。也就是说，现代古装剧当中，让汉武帝冕服出场的依据是需要进一步落实的。

到了东汉的第二位皇帝汉明帝，儒家思想的影响越来越大。汉明帝刘庄品德端正、天资聪颖，倡导儒家，也喜欢佛教。因此他做了两件很重要的事情，一是恢复了冕服制度，二是把佛教引入了中国。

但是汉明帝恢复冕服制度也很不容易。由于秦始皇焚书坑儒，大量史料被付之一炬，所以汉代所恢复出来的东西已经夹杂了很多想象在内。而这套未必完全准确的服制体系，就成了后人眼中的汉服样板。所以，汉服由黄帝开创、周朝建制，到汉明帝时期修补定型后确定了总体风格。

3. 汉灵帝爱上了胡人生活

但是汉明帝想象不到，在他身后约80年的时候出了一位皇帝汉灵帝刘宏。历史上对刘宏的评价比较低，比如巧立名目搜刮钱财，卖官鬻爵追求享乐，滥杀贤良重用宦官，总之坏事做得远比好事多。并且他在生活方式上，也常悖于礼制。比如在《后汉书·五行志一》当中记载：

灵帝好胡服、胡帐、胡牀、胡坐、胡饭、胡空侯、胡笛、胡舞，京都贵族皆竞为之。

在封建社会，皇帝带头破坏礼制，必然是贻害深重的。全面胡化，而不是择优融合，其实是彻底的自我否定。刘宏喜好胡人的生活方式本身很可能没有政治目的，但即便是想要展现开放姿态加强民族融合，这种彻底否定自我，全盘接受不同文化的做法也是不可取的。每个民族的文化都有精华，但同时也有糟粕，取长补短才是良策。所以汉灵帝身后，汉朝大厦倾覆，很快进入了群雄并起，三国鼎立的局面，也许就是任性的恶果。

五、北魏孝文帝的汉化改革

在三国之后的三百多年当中，中国进入了最为曲折的一段历史。汉人不断向南转移，把长江以北的大片土地让给了游牧民族。于是，胡服的影响力不断扩大。但是正如当年赵武灵王向游牧民族学习一样，这一时期也相应地发生了游牧民族向汉族学习的重大历史事件。这就是北魏孝文帝的汉化改革。

1. 改革的铺垫

南北朝时期，有一位赫赫有名的女人——北魏冯太后。虽然北魏是鲜卑人的政权，但是大权在握的冯太后却来自汉族。冯太后有个孙子拓跋宏，他就是后来的北魏孝文帝。

拓跋宏出生于公元467年，两岁时被立为皇太子。由于北魏实行"子贵母死"制度，所以成为太子的同时拓跋宏也成了没娘的孩子。母亲被赐死这件事，应该在他幼小的心灵里留下了深深的伤痛。可能这也是他向往儒家文化，并推行汉服的深层原因之一。

拓跋宏两岁以后就由奶奶冯太后抚养，所以从小开始接受汉文化的熏陶。当然，拓跋宏也确实是个好苗子。他自幼喜欢读书，手不释卷，《魏书·高祖纪》说他：

五经之义，览之便讲，学不师受，探其精奥。史传百家，无不该涉。

传世经典，百家学说，不用老师教，他自己就能思考出精髓和奥妙，看一遍就能对别人讲述，可见，拓跋宏的天分极高。正是因为有了这些基础，才有了后面推行汉文化、主张穿汉服的改革。

2. 改革的实施

在冯太后去世之后，拓跋宏开始真正掌握权力。于是，一次大刀阔斧的改革在北魏展开。而这次改革即使在今天看来，也会令人惊心动魄。

改革包含这样一些项目：

迁都洛阳、改穿汉服、讲汉话、改籍贯、改汉姓、通婚姻、兴办学校、恢复汉族礼仪，甚至采用汉族的封建统治制度等等。

为什么穿汉服会成为改革措施当中的一项呢？可能有如下几个原因：

第一，统治需要。拓跋宏当然希望在汉族居住区把北魏政权延续下去。

他很清楚，统治者穿汉服会让汉族人感觉亲切，更容易被接受。

第二，影响广泛。服装是生活必需品，不论官员百姓都须穿着。所以改变服装的影响是最为广泛的。

第三，表达直观。服装是文化最直观的表达方式。汉服平和宽松，穿上汉服，举止行为就会显得温文尔雅。

3. 阻力一定会有

跟赵武灵王一样，拓跋宏同样遇到了巨大阻力。就连他的亲儿子元恂，也要与他做对。在《南齐书·魏虏传》当中记载：

> 宏初徙都，恂意不乐，思归桑干。宏制衣与之，恂窃毁裂，解发为编服左衽。

这段话意思是，北魏孝文帝在刚刚迁都到洛阳之时，太子元恂心里不高兴，一心想回到故都平城。并且把拓跋宏赐给他的汉服偷偷撕裂销毁，然后重新编发，并穿左衽的鲜卑服装。

当然，拓跋宏面对这样的阻力，也没有轻易退缩。这一次汉化改革，在加强南北向的民族融合方面发挥了重要的历史作用。

其实，文化就像水，相遇就会交融。文化的融合可以说是大趋势。这种趋势放到几年、几十年来看，可能会有拐弯甚至掉头，让人无法做出正确的判断，但放到几百年和几千年时间去看，就会发现融合的力量有多么强大。

六、难忘大唐神韵

孝文帝去世不到一百年，唐朝就来了。

关于唐朝的服装，已经有太多古装剧做过呈现。经过现代人的艺术加工，那些服装看起来那么唯美、梦幻、超乎想象。

1. 唐朝的模样

那么真实的唐代服装到底什么样子呢？通过几幅唐朝画作可大致了解。

第一幅：《步辇图》

《步辇图》是唐代画家阎立本的画作，画的是唐太宗接见吐蕃使者的情景。这次接见是为了商量文成公主嫁给松赞干布的事情。画中的唐太宗，还有左侧第一、第三两位官吏，穿的都是圆领袍服。

在唐朝，把服装分为法服和常服。

法服是在祭祀和重大朝会时穿着的，具有神圣性。虽然唐朝是服装大观园，但是皇帝明白有一条主线必须抓住，就是冕服制度。因此特别规定祭服和朝服，不能违背先王遗制。这个时候法服代表了国家政治和民族文化的主轴。失去了主轴，融合就会成为乱炖。所以法服体现的是文化传承。

常服是日常办公和日常生活时的服装，具有便利性和时尚性。画中唐太宗的服装其实也是一种常服，并不能在祭祀活动或重大朝会上穿着。这套服装，是从南北朝时期流行的胡服借鉴而来，无论大小官吏都可以穿着。并且后面的朝代也用这种圆领袍作为官服。

第二幅：《虢国夫人游春图》

这幅画是唐朝画家张萱所绘。画的是杨贵妃的姐姐虢国夫人游春的场面。其中至少可以看到两点：

第一，当时的虢国夫人的穿着是袒领低胸的服装。在唐代，除了汉服的交领之外，圆领、方领、鸡心领、立领、翻领、袒领都已经出现。袒领低胸，开始只在宫廷穿着，后来贵族家的女子也有效仿。唐朝在衣领上的开放程度，跟现代差不多在一个水平线上。

第二，在随行者当中有人女扮男装。唐朝的女扮男装，很多人认为是由武则天推动的。因为武则天大量起用女官，而女官当时没有特别设计的款式，所以一律穿男式官服。当然也从一个侧面说明了，当时的妇女的确有一种想与男人平等的心理要求。

第三幅：《簪花仕女图》

这幅画是由唐代画家周昉所绘。

从画中首先可以看到，宽衣大袖也是唐朝的一种风格。那时的大袖极尽夸张，在抬起手臂时还差不多垂到地面。袖子宽大，消耗的面料就多，所以有人指责唐朝的服装奢侈。

其次，可以看到上衣的面料非常轻薄，几乎达到透明的程度。汉朝就能制造出不足 50 克的素纱禅衣，到了唐朝技艺应该更为精湛。也是因为透明和袒露，所以后来也有人指责唐朝服装放纵。

以上这些服装虽然主要是皇室和贵族穿着，但由于他们的影响，民

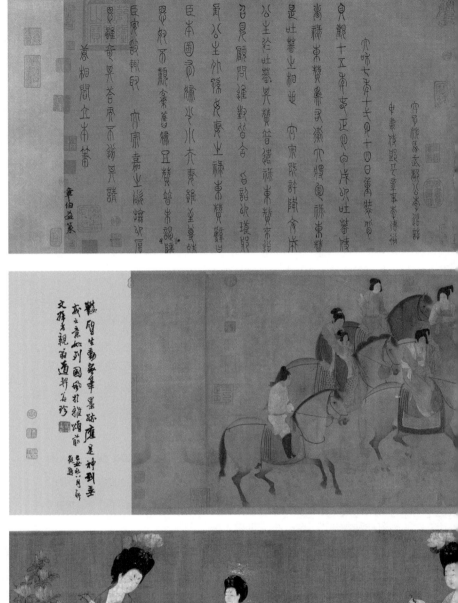

图：唐阎立本
《步辇图》

图：唐张萱
《虢国夫人游春图》

图：唐周昉
《簪花仕女图》

间的服装也是丰富多彩的。在唐代民间，汉服和胡服处于混合状态。既符合生活实际又有特殊韵味的兄弟民族服装，也很受欢迎。

2. 为什么是唐朝？

大唐服装的先进和丰富，是值得后人骄傲的。可以说，现代服装当中除露背装、超短裙、牛仔裤之外，大多的现代款式，都可以在大唐服装当中找到相似的形态或元素。闻名于世的霓裳羽衣、百鸟裙、石榴裙、敦煌飞天等，也都是在那个时代出现的。比如图中的这一款，无论是款式、色彩，即使现代人穿着上街也不觉得落伍，谁能相信它竟出现在唐朝呢？

那么，为什么大唐会有那么多款式出现？

第一，大唐之前经历了南北朝时期的民族大融合。无论这种融合是以温和的还是生硬的姿态出现，最终的结果就是服装观念上的互通。

第二，大唐时期，丝绸之路继续发展，东西方向的国际融合使中国演变成为产品贸易中心和文化交流中心。

图：新疆吐鲁番阿斯塔那出土唐女骑俑

第三，儒家、道教与佛教的平等并存，意识形态比较宽松，人性化的审美需求在服装设计当中得到了前所未有的体现，所以进入了一个服装丰美时代。

第四，唐代妇女地位有所提高。女性突出的审美要求和能力，催生了唐朝服装丰富的款式和色彩。

第五，由于唐朝时气温偏高，所以服装趋向轻薄。而一旦又轻又薄，就有了各种变化的余地和空间。

虽然大唐的服装也因为袒露、宽大，看似放纵和奢华而遭受后人的非议，但总体上说唐代仍不失为中华服饰的大繁荣时期。

盛唐就如大海，广阔是它的气质。无论多少条河流涌入，无论多少种文化并行，最终凝合成了大唐神韵，再把影响远播到周边多个国家。即使后来经过了宋、元、明、清的起伏兴替，往事越千年，人们至今还不断地把目光投回到那个时代！

第十一篇：冠冕堂皇

唐代著名诗人王维有一句诗：

九天阊阖开宫殿，万国衣冠拜冕旒。

这句诗描写的是大明宫早朝时的庄严场面。帝王气象扑面而来，千年之后仍能感受得到。

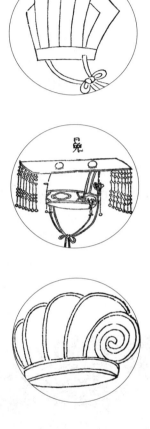

一、独特的创造

冕是一种礼冠，也是中国服装领域最为奇特的发明之一。

史料上说冕是由黄帝发明，由他的大臣胡曹制作的。此后，有虞氏时期把礼冠称为"皇"，夏代称为"收"，商代称为"哻（xú）"，周代称为"冕"。但是，皇、收、哻、冕的外形结构是否相同，目前已经难以考证。所以通常以周朝的冕作为主要参考。

中国有一句成语"冠冕堂皇"，虽然主要用于贬义，但也传递出了一种基本信息，那就是统治阶层曾经用冠冕塑造出了庄严华贵的威仪。

1. 冕是怎么来的？

但是，为什么会出现如此奇特的发明呢？目前并没有史料做出清楚的解释，只能从现代人的思维出发进行推测。

首先，原始社会，祖先们有把珠宝挂在头顶上的爱好，以体现身份和能力。显然挂得越多，身份越高，能力越强。

其次，当珠宝太多的时候，再贴着头发和脸颊就会感觉碍事。所以需要挑高，并且让这些珠宝离开脸部一定距离。

从这个角度思考，冕的出现就变得合乎情理了。

图：吴主孙权（阎立本《历代帝王图》局部）

2. 冕的基本结构

冕在周朝的时候是帝王、诸侯和卿大夫们的礼冠。目前所见冕的形态，主要是汉明帝时期，根据残存的资料和想象重新制定的。主要由冠卷、笄、冕版、冕旒、瑱、纮等部分构成。

冠卷为桶形，下沿的金属圈称为"武"。冠卷上部两侧有孔，可插入玉笄横贯发髻将冠体固定。

冠卷顶部的盖板古称綖，也叫冕版。上黑下红，且前低后高。冕版的尺寸各朝代不同，有些朝代为长一尺二宽七寸，也有的长二尺四宽一尺二。

冕版前后两端悬挂着冕旒。冕旒一般是用五彩丝线穿过五彩珠构成。不同身份，冕旒的数量也不相同。冕旒也被称为"玉藻"或"繁露"。

瑱，是悬挂于两耳孔边的黄玉，又叫黈纩，俗名充耳。有时候也用黄绵制作，如橘子般大小。

图：七旒七珠冕（明《三才图会》）

二、良苦用心

古人把头上的帽子，叫元服、首服，或者头衣。既然是"元""首""头"，当然非常重要，因此也应该赋予更丰富的文化内涵。

1. 冕版的寓意

冕版有三个基本讲究。

其一是前低后高。冕字当中那个免费的"免"，取意于俛（读音府），而俛的意思相当于俯，俯瞰的俯，就是向前倾斜之意。这个姿态表示谦恭和勤劳。在一些电视剧里，冕板被做成了两头上翘甚至波浪的形状。说实话，这样的设计可能只是为了从艺术形象上表现人物的张扬或者多变的性格而已，并不符合实际情况。

其二按常规应该前圆后方。以体现天圆地方。但是后来很多朝代没有遵循这一制度，把前沿儿也做成了方形。

其三是玄表纁里，也就是上面用玄色，下面用周朝的纁色。纁色，就是浅绛色。周朝的礼服色彩是上衣玄下裳纁，冕也与之对应。

2. 冕旒的用处

在现代人眼中最为神秘的就是悬挂在脸前脑后的一串串冕旒。冕旒原本意图是用珠宝数量显示身份和地位，但是在款式形成的同时，古人又赋予了更为丰富的文化蕴意。

第一，帝王戴的冕前后各有12旒，每旒有12颗珠子。其他高官则按级别，在冕旒和彩珠的数量上做递减。因此有强化等级的作用。冕旒有一个非常象形的名字"繁露"，意思是由很多露珠构成。汉代学者董仲舒有一部著作名为《春秋繁露》，一看便知讨论的是帝王将相关心的事情。

第二，挂冕旒的目的是为了保持帝王的庄重形象。因冕旒悬挂于头部前后，如果不能正襟危坐，摇头晃脑的动作就会被冕旒放大。头部正直、动作缓慢，方显帝王威仪。在一些电视剧里会有这样的场面，年幼的小皇帝稚气未泯，无法忍受这样的束缚，把冕旒晃得乱飞乱响。所以戴冕其实也是一种修炼，修炼不到位就成了难受的事儿。

第三，也有人认为冕旒是在提醒帝王不要把部下看得那么清楚。该看的看，不该看的不看，这样才是聪明的帝王。西汉名人东方朔就是持

图：东方朔（明《三才图会》）

这种观点的，所以他认为冕旒的作用是"蔽明"。因为在他看来，水至清则无鱼，人至察则无徒。

3. 充耳的作用

充耳是一个不太显眼的部件，所以很多人未必会注意到。但是这一设计，仍然包含着祖先的良苦用心。

东方朔把充耳的作用解释为帝王不要什么都听。该听的听，不该听的不听。所以充耳的作用是"塞聪"，戴充耳有不听谗言的好处。

但是一位帝王真如东方朔所说蔽目塞听的话，怎能治理好一个国家呢？所以，如果非给冕旒和充耳做一个文化上的解释，可能如下的说法更为合理。所谓冕旒，就是希望帝王能明白每一个人都像他眼前的珠宝一样难得；所谓充耳，也是希望帝王能清楚每一句谏言都像他耳边的玉石一样，尽管有硬度，但却是珍贵的。这才是正能量。东方朔的说法应该不是黄帝原本的设计意图。

4. 冠冕之间的关系

按照有限的史料分析，冕和冠都是在黄帝时期发明的。当时黄帝有三位大臣，胡曹、荀始、于则。其中，胡曹作冕，荀始做冠，于则做扉履，其中扉是草鞋。这三位都是中国服装业的祖师爷。

冕是冠的一种，但却是最为尊贵的一种。一般来说，所有官员皆可戴冠，但只有高官才可以戴冕。在黄帝建立了庞大的华夏联盟之后，官员队伍的建设成了紧迫问题。其中必然有一部分官员最重要，是核心，戴冕；而另一部分相对次要，是补充，戴冠。所以，冠冕在黄帝时代出现，是一种政治和历史的需要。

从周代开始，冠的发展进入了黄金期。

三、冠的丰富

冕是祖先最奇特的发明，但也有如下一些问题。

第一，冕的设计主要突出的是庄重感，但是除了祭祀等重大活动之外，戴冕就会觉得很不方便。

第二，冕的制作需要大量珠宝，工艺也较复杂，因此花费很高，不适合大规模使用。

正是因为冕的这些局限，古代才只允许天子和高官使用。而天子和高官，要么是同门同宗，要么就是姻亲关系。所以冕在家天下时代更多是对归属权的强调；而冠则更多是在行政事务当中对号令权的标示。

1. 夏商时期的冠

这一时期冠的记载比较少。但还是留下了一些传说，或者到周朝仍然在用的款式。

比如母追。

图：母追（明《三才图会》）

黑色布冠，相传流行于夏代。因其冠式高大如堆（古时堆与追同）而得名。所以后人说，母追又叫"牟追"或"无追"，意思是太大了，没有其他冠能够超过它。

在《周礼·天官·追师》中说：

追师掌皇后之首服，为副、编、次、追、衡、笄。

但是这样的冠，到底外形结构如何？后人多为猜想，其说法未必能够靠得住。

再比如章甫。

章甫据说是由商代传下的冠，由黑布制成。春秋时期仍有此制，主要流行于宋国。《礼记·儒行》中说：

丘少居鲁，衣逢掖之衣；长居宋，冠章甫之冠。

但是章甫之冠到底什么样子？在《三礼图》当中画出了章甫和章甫冠。前图为章甫，后图为章甫冠。

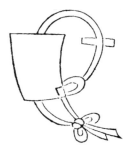 

图：《新定三礼图》中的章甫

2. 周朝的冠

到了周朝，虽然仍是家天下模式，但国土面积扩大，人口越来越多，因此外姓官员参与社会治理就成为普遍现象。所以周朝，在制定完善的冕服制度的同时，冠的种类和普及度也在增加。

可是周朝虽然有完善的冕服制度，但冠服规定却简单粗放。加之春秋战国时期，天下纷争，诸侯国各自为政。所以冠的发展就显得丰富而无序。这一时期出现的冠，可谓百花齐放，与权力的分散状态具有一定的呼应关系。

比如缁布冠。

有人认为缁布冠是由夏朝母追和商朝章甫演变而来。这个说法的主要依据是这三种冠都是用黑布制作。但今天看其外形相差较大，所以此说并不可靠。在周朝男子的加冠礼上，要分三次加三个等级的冠，第一次所加就是缁布冠。缁布冠一般是用麻布制作，所以又称为麻冕。在《白虎通》当中有这样的表述：

> 所以用麻为之者，女功之始，示不忘本，不以皮，皮太古未有礼文之服也。

之所以用麻制作，是因麻为最早织物，表达的是不忘根本。之所以不做成皮质的，是因为在太古时代才用皮做衣服，那时还没进入文明时代。

再比如委貌冠。

委貌冠也是一种礼冠，又称为玄冠，同样也是由黑布制成。其上小下大，看上去好像一个倒过来的杯子扣在头上。在《礼·郊特牲》当中说道：

> 委貌，周道也。

为什么叫委貌呢？后人解释说，委曲有貌，能够善待他人，表现得很有风度的样子。后人对委貌冠的外形的理解不尽相同，如图。

当然，在周朝还有很多款式的冠。比如齐国的高山冠、赵国的惠文冠、楚国的獬豸冠，再比如子路戴过的雄鸡冠、子臧戴过的鹬冠，以及赵武

图：缁布冠（《新定三礼图》）

图：《新定三礼图》中的四种委貌冠

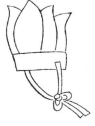

灵王时期从游牧民族借鉴来的鹖冠等。

四、君子死，冠不免

公元前的 480 年，时处春秋末期，卫国宫廷发生了一场夺位之战，很不幸的是，孔子的学生子路也卷入了其中。最后子路被人围困起来，《左传》用"以戈击之"四个字描述了当时的武打场面。那时的子路已经 63 岁了，显然不敌。于是，冠缨被打断了。

1. 无法忘记的一句话

这时子路做了一个动作，慢！然后他整理了一下头发，把冠端端正正戴好，再把冠缨系好。在生命最后一刻，他说了一句两千多年都让人无法忘记的话：

君子死，冠不免！——《左传》

意思就是说，君子就算死，也要把冠戴端正。

这个画面，一直在很多中国人头脑中回放，后人对这件事情的看法也各有不同。可能有人觉得子路太过迂腐了，这个时候最应该做的是赶紧逃命。但其实 63 岁的子路明白已经无路可逃，在无法生还之际选择体面地死去，才更显大丈夫的风范。

那么，子路为什么会有这样超乎寻常的举动呢？

2. 子路的个性

子路是孔子的学生当中很特殊的一位。在他拜孔子为师之前是什么样子呢？《史记·仲尼弟子列传》中说他当时"冠雄鸡"，就是戴着形状像公鸡一样的冠。那个时候鲁国流行斗鸡，跟他同时代的国君鲁昭公就是因为卷入斗鸡游戏，最后被人赶出了鲁国。子路戴一顶雄鸡冠，无外乎是想要让人知道他强悍无比，像斗鸡场上的公鸡一样勇猛无畏。所以他在生命的最后一刻表现得如此从容，是有性格作为基础的。

3. 子路眼中冠的地位

当然，子路临终前的表现，从根本上还是取决于冠在他心目当中的地位。

首先，子路既然拜孔子为师，当然会接受很多的儒家思想。虽然孔子评价他的儒学水平是已登堂未入室，但他仍以独特的品格被传诵了两千多年。在那时，儒家思想已经把冠结合了进去。在《礼记·冠义》上说：

冠者，礼之始也。

意思是说冠是一切礼仪的开始。《礼记》是著名的儒家经典，在孔子所传六艺当中礼是第一项，所以作为学生的子路不可能对冠不重视。

其次，子路之所以戴冠，也是因为他当时是卫国的官员。冠显示了他在等级制里处于优越地位。而这种身份感，无论是出于个人的价值观，还是出于国家制度的庄严性，都值得誓死捍卫。

所以，子路捍卫这顶冠，其实捍卫的是个人的风骨，儒家的文化，以及官员的身份。

4. 子路凭什么能够表现出那种风范？

但是在那种情形之下，就算子路想保持风范，也不一定能够做得到。其实这顶冠的本身也在最后关头成全了子路，让他能够死得更加体面。

古代的冠普遍使用硬质冠体，至少是用硬质材料作为支撑物。同时还要有系带也就是用冠缨在下颏处打结固定。并且还有一些冠加了一根簪子，在冠体侧面横贯发髻，避免冠体在头上摇晃。

当对方的戈打在子路的冠上，由于是硬质冠体，所以把冠缨崩断了。但仍有簪子和发髻相连，所以冠只是歪了，并没有掉下来。于是，子路并不需要做移动、弯腰、拾冠的动作，只需要站在原地就可整理头发，把冠戴好。假如他需要移动并弯腰，对方就会因担心他逃跑而立即砍杀，不会给他说话的机会。

五、秦始皇的算盘

一般来说，现代人看到的秦始皇画像都是戴着冕的。但是必须说明一点，秦始皇戴冕只能是在统一中国之前。因为在统一之后他立即做了一件事，就是废除了周朝的六冕之制。于是，中国进入了一个有冠无冕的时代。这个时期，秦始皇对冠表示出了很大的热情。这种情况的出现也许与他的现实需要有关系，因为他当时最需要的是一个与郡县制配套的官员集团。

1. 秦始皇常戴的通天冠

废除了冕服之后，秦始皇常戴通天冠。而通天冠则属于楚冠之制。

通天冠的地位仅次于冕。其形如山，正面直竖，以铁为冠梁。《后汉书·舆服志下》当中说道：

通天冠，高九寸，正竖，顶少邪（斜）却，乃直下为铁卷梁，前有山、展筒、为述，乘舆所常服。

这种冠，从秦朝开始，一直到明朝，都是皇帝所戴的最高级别的冠。

图：《新定三礼图》及《三才图会》中的通天冠

2. 以赵国貂蝉冠为武冠

在秦始皇之前不久赵国搞了胡服骑射。赵武灵王为强化胡服，自己也戴上了胡人的冠。后来这顶冠经过他儿子赵惠文王的改进，成了赫赫有名的貂蝉冠。

貂蝉冠当然不是四大美女貂蝉戴的冠。主要特征是在左前侧插一根貂尾，在前面贴一只金蝉。金取意刚强百炼不耗，蝉取意居高饮清，貂取意内悍而外柔。

秦始皇虽然灭了赵国，但对赵国的军事能力还是打心眼儿里钦佩的，于是把貂蝉冠定为了武冠。所以成语"貂蝉满座"说的不是美女云集，而是高官满堂。

貂蝉冠作为官帽的制度延续到晋朝的时候，由于封官太多，造成貂尾紧缺，于是就有官员用狗尾替代貂尾。成语"狗尾续貂"就是由此而来。

图：武冠（《新定三礼图》）

3. 以楚国獬豸冠为法冠

传说中，古代有一种神兽獬豸，跟羊差不多，但只长了一只角。最大本领是善于辨别是非曲直。比如它发现奸邪的官员就会用角把他触倒，然后吃掉。当人们发生冲突或纠纷的时候，它总能把独角指向无理的一方。所以楚文王制冠时，就把象征獬豸角的装饰制于冠上，于是出现了獬豸冠。这种冠后来被秦始皇定为法冠，一直沿用到明代。西方的法庭上法官要带着银白色头套，其实在中国古代，法官也有獬豸冠作为身份的标志。

图：法冠（《新定三礼图》）

4. 以齐国高山冠为谒者之冠

齐王的高山冠后来也被秦始皇整合了，用来做谒者之冠。高山冠的样子，现在已没有准确的史料说明。《墨子·公孟》当中说：

昔者齐桓公高冠博带，金剑木盾，以治其国，其国治。

这个描述说明了一点，冠的高度是比较突出的。

但是为什么秦始皇把齐王的冠定为谒者之冠？所谓谒者，就是负责传达指令和信息的官员。真正原因已无从知晓，但根据历史遗痕还是能够找到一些蛛丝马迹。因为齐王有听取国人意见的美德，邹忌讽齐王纳谏就是一段美谈。所以使用齐王的高山冠就是随时提醒秦始皇自己以及各级官员要兼听则明。

这样的秦始皇，的确要比对手们更强大。

六、刘邦的刘氏冠

但是，秦始皇的算盘并没有打好。他倚重于官员集团，采用郡县制，使用严刑峻法，秦政权也仅仅维持了 15 年而已。正可谓成也萧何败也萧何，严刑峻法把整个秦国军事化，因此具有摧枯拉朽的力量。但是事物都有两面，也正是严刑峻法使百姓人人自危，因而难以长久。

1. 刘邦做了什么？

秦推翻了周，而汉推翻了秦。但是推翻了秦的汉高祖刘邦却继承的是秦朝的冠服制度，并没有在他的任上恢复冕服。

刘邦是一个不容易看明白的人。优点很突出，不堪的地方也很多。但是，他对冠的态度，却是比较容易理解的。

首先在刘邦当亭长的时候就喜欢上了一种冠，专门派手下人去外地帮他定制。

这种冠是用竹皮制作的，很长。戴在头上当然会很显眼。服装除了

图：汉代长冠示意图

是政治制度和社会观念的标示物之外，还是个人心理的延伸物。刘邦喜欢戴这样的冠，也许说明了他很早就有出人头地的想法。后来他做了皇帝，这种冠其他人就不敢随便戴了。因为刘邦独享，所以被称为刘氏冠。刘邦自己喜欢戴冠，可能是他没有恢复冕服的原因之一。

第二，刘邦从骨子里不喜欢儒家。比如——

沛公不好儒，诸客冠儒冠来者，沛公辄解其冠，溲溺其中。

——《史记·郦生陆贾列传》

说的是刘邦不喜欢儒家，客人戴着儒冠来串门，他就把人家的帽子摘下来，往里面撒尿。非常粗鲁。

周朝的冕服制度与儒家思想有着紧密联系。既然刘邦这样讨厌儒家，不想恢复冕服也属正常。

第三，就是汉朝刚建立的时候，国库空虚，朝廷想找四匹同色的马拉车都找不到。刘邦的很多大臣，都是坐牛车上朝。而冕服制作成本高，又不能随时穿着，所以从节省的角度，刘邦不想恢复冕服也是有道理的。

2. 冠的美好时代

有趣的是皇帝喜欢摆弄冠，大臣也没闲着。

跟随刘邦打天下的樊哙也在无意间发明了一种冠——樊哙冠。他是怎样发明的呢？在《后汉书·舆服志》当中说道：

樊哙常持铁楯，闻项羽有意杀汉王，哙裂裳以裹楯，冠之入军门，立汉王旁，视项羽。

就是在刘邦和项羽相会之际，樊哙听说项羽要杀刘邦，就想进门保护。但是随身携带武器，门卫肯定不让进去。樊哙急中生智，把下裳撕下一截，裹住盾牌，固定在冠上，方得入营。这样才达到了保护刘邦的目的。

当然，到汉代时冠的种类已经很多了。《后汉书·舆服志》当中列出了长冠、委貌冠、皮弁冠、爵弁冠、通天冠、远游冠、高山冠、进贤冠、法冠、武冠、建华冠、方山冠、巧士冠、却非冠、却敌冠、樊哙冠、术氏冠、鹬冠等将近二十种。

七、巾对冠的挑战

但是刘邦的做法后代并没有发扬光大。到了汉武帝开始独尊儒术，

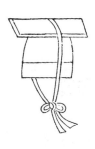

图：樊哙冠（《新定三礼图》）

到了东汉第二位皇帝汉明帝则恢复了周朝的冕服制度，使家族统治和等级思想得以强化。那么，汉室会从此走向繁荣还是衰败呢？

1. 东汉衰亡的原因

本来家族统治的优点是内部团结。但是汉朝历史上经常发生家庭内部的矛盾冲突。宫斗不断，同胞兄弟互相杀戮，所以皇室家族早已经没有团结可言。这种时候如果皇帝的能力足够强，也能掌控局面。但是几代以后的皇帝都是在蜜罐里泡大的，几乎没有政治、经济、军事等方面的历练。家族内部又矛盾重重，所以长期缺乏安全感。于是他们只能向外求助。而求助对象主要是两种人：一种是天天在身边溜须拍马的宦官；一种是能力强势力大的外臣。显然宦官只能依靠一时一事，这群人同样不懂治国。但是依靠外臣，其结果也是饮鸩止渴，身边自然会出现董卓和曹操。

2. 历史的玩笑

服装并不决定历史，却能反映历史。东汉恢复了冕服制度，给后人留下了宝贵的文化财富，是非常值得肯定的。但是东汉并没有因为有了这套制度而江山永固。仅仅过了一百年，贵族名士就对冠冕失去了兴趣，转而追捧平民百姓所戴的巾，认为那种打扮风流倜傥，于是戴巾变成了时尚。此风一盛，东汉的灭亡也就不远了。

那个时期有几位家喻户晓的人物。

一位是东汉末期的袁绍。他喜欢戴巾的事情在《晋书·舆服志》里有记载。袁绍虽然是军中的将帅，但喜欢戴缣巾打仗。缣是丝绸的一种。如果是文官还好理解，但是身为将帅却戴巾打仗，显然不再想按礼制和军规出牌了。

当然，戴巾打仗的还不只袁绍一位，还有诸葛亮和周瑜。史料上对他们两位都有羽扇纶巾的记载。但后人多把这种风流放在诸葛亮身上，并且也有人把诸葛亮所戴之巾称为诸葛巾，其中难免有因喜欢而抬举的成分。

诸葛亮的纶巾大概就是这个样子。

在现代人眼里，冠和巾很容易混淆。比如诸葛亮的纶巾，怎么看也不是现代人概念上的巾。但是在那个时候，这种首服确实也叫巾。这种

图：诸葛巾（明《三才图会》）

图:司马仲达像(明《三
才图会》)

图:帢(《中国衣冠
服饰大辞典》)

巾普遍是以软性材料作为主体，直接戴在头上，一般来说没有缨，所以不用在下巴处打结。正常情况下更没有簪子贯穿发髻加以固定。

那个时候女子也戴巾。女子戴的巾，叫巾帼。巾帼，后来成为女性的代名词。也就是喜欢戴巾的诸葛亮，还用巾帼戏弄了司马懿一回。

诸葛亮数挑战，帝不出，因遗帝巾帼妇人之饰。——《晋书·宣帝纪》

诸葛亮多次挑战，司马懿不应战。坚守不出，怎么办？诸葛就想了个损招儿，让部下找了一堆女人的巾帼，丢到司马懿的营前来嘲笑他。而这一招儿果然奏效，司马懿盛怒之下派人千里请战，准备雪耻。这位司马懿也的确挺可笑，骂他八代祖宗都不在乎，但说他像个女人却受不了。

当然，前面几位玩得这么投入，曹操看了也不甘示弱，他也出了个创意，搞出了个新款式，帢。帢在名义上仿的是远古的皮弁，但其实也是巾的一种，看上去就仿佛是几十年前还有的帽头。只是曹操做的帢用的是白色，很多人觉得不吉祥，所以后来就作为皇帝的丧服了。

但是需要注意的是，虽然这些贵族名士们漠视朝廷的冠冕而追捧百姓的巾，但并不意味着就此代表民众的利益。他们依然维护的是自己那个家族或集团的利益。戴百姓的巾，或许是张扬个性，或许是藐视朝廷，但是都跟代表百姓没有关系。

第十二篇：人之领袖

无论中外，衣领衣袖都是服装的基本部件。但是不同文化背景下发生不同的故事，所以中国人心目当中的领袖在服装概念之外，还形成了一种重要的文化蕴意。领袖逐渐成了令人敬仰的领头人。

一、领、袖和领袖

图：古衣（明《三才图会》）

首先，领和袖作为服装部件，古人分别做过阐述。而后来领袖二字的合并，演变，也是以此为基础的。

1. 领的含义以及引申

"领"字的原始含义其实是脖子。比如《诗经·卫风·硕人》就有：

领如蝤蛴，齿如瓠犀。

这里的"领"字，就当脖子讲。

但是后来，这个字发生了变化。在汉代经学家刘熙的《释名》当中说：

领，颈也，以壅颈也，亦言总领衣体为端首也。

这句话首先确认了诗经里的领就是脖子的说法，然后又说作为衣物的部件，是用来围合脖子的，最后还说是一件衣服的开头部分。所以古代的"领"字可做量词用，"一领"衣，也就是今天的一件衣服。

后来，在这些含义的基础上又做了引申。如晋陶潜《闲情赋》当中说：

愿在衣而为领，承华首之余芳。

可见，衣领与头脑联系在了一起，跟地位和智慧挂上了钩。

2. 袖的含义及引申

同在《释名》当中，刘熙是这样解释袖字的：

袖，由也。手所由出入也。

古代的袖子，一般是由两个部分构成。一是缝接于袖端的边缘，称为袪；二是由袂向内到肩腋部分，称为袂，最初多指古代大袖的下垂部分，后来也用来表示整个袖子。今天所谓"联袂"，就是手拉着手，衣袖挨在了一起。

同样由于袖包裹着手臂，就与手段联系在了一起。比如"长袖善舞"。

3. 领袖的原始含义

在《庄子·徐无鬼》当中有一句话：

郢人垩慢其鼻端若蝇翼，使匠石斲之。

这句话当中的"郢人"，在《汉书音义》当中解释为"獿（读挠）人"。关于"獿人"，汉代的经学家服虔在《庄子集解》当中讲述了一个故事。他说：

獿人，古之善涂墍者，施广领大袖以仰涂，而领袖不污，有小飞泥误著其鼻，因令匠石挥斤而斲之。

古代的獿人，善于用泥来涂抹房顶。干活的时候，穿着广领大袖的衣服，仰面操作，领袖都不会弄脏。偶尔有小块的飞泥粘在鼻子上，就让另外一位匠人挥起板斧削下来，"唰"地一声，泥被削掉了，而鼻子没有丝毫损伤。可见这位匠人技艺之精湛。于是有了一个成语"匠石运斤"。

在这里，领袖二字虽然连用了，但承载的却是前面广领大袖的含义。

4. 文化含义的注入

司马昭是西晋王朝的奠基人，后人称他为晋文帝。他有一位大臣名叫魏舒。每次朝会之后，司马昭都会目送魏舒走出很远很远，然后满心感慨地说：

魏舒堂堂，人之领袖也。——《晋书·魏舒传》

于是，"领袖"一词，就从原来服装上的部件名称引申出了新的内涵。

二、古代领型的变迁

中国古代出现过的领型，其实是非常丰富的。它的变化也是有一条基本轨迹的。即从夏商周到隋唐逐渐走向开放和多样，而从宋到明清逐

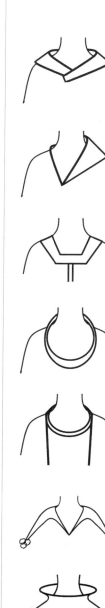

图：唐朝出现过的部分领型

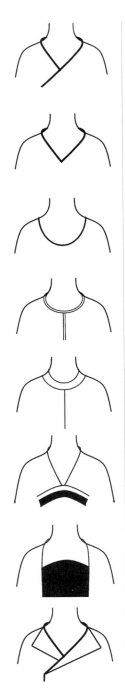

图：唐朝出现过的部分领型

渐走向封闭和单调。

为什么会出现这样的趋势呢？影响这种变化的，一般有三个原因。

1. 天气原因

汉服是黄帝那个时候开创的。黄帝采用了哪种领型并没有文字记载，但按推测应该是交领。当时气温比较高，交领便于散热。周朝曾经出现过短暂的寒冷，但这种寒冷并没有反映到服装方面的记载。南北朝时期，算是又一个气温明显偏低的时代，与游牧民族的服装在中原流行似乎有一些对应关系。圆领被广泛采纳，不仅仅是因为政权造成的，也应该有气候变冷的原因。

但是到了唐朝，中原的气候又变得温暖。有多条史料显示国都长安冬天无雪，并且可以种植柑橘。所以唐朝女装的袒领，也就变得容易理解了。

而接下来的宋元明清，中国的温度又开始逐渐变冷，到明清之际，恰好是一个比较明显的小冰河期。天气变冷，自然就有了把领子竖起来把脖子围严实的需要。

2. 文化原因

中国的服装前期受儒道两家影响，但相比之下天人合一的道家思想对形制的影响更为明显。交领、右衽、宽衣、大袖，呈现出宽松、自然、流畅的特点。所以在领型上就会相对开放，以交领居多。从南北朝到唐朝，文化上是多家共存状态。东西南北各国文化涌进中国，丰富的领型显示了那个时代的融合特征。可以说现代大部分领型唐朝都已经出现过。但是，从宋朝开始，礼教越发严格，儒家对服装的影响逐渐加强。那些袒露前胸的领型，按当时的社会观念就感觉有伤风化了。所以在领子的设计上就变得越来越封闭了。

3. 实力原因

传统领型逐渐由开放走向封闭，似乎也与近代国力变化有关联。西方早期的领型，普遍是立式和封闭的。所以脖子上扬，显得很高傲。但是当西方开始向全球扩张的时候，领型也随之变化，变成了平开的西装领。

这种领型展现着平等、友好的姿态，所以渐渐演变成国际服装。但是中国近代，经常受人侵略，被动挨打，所以自我保护意识逐渐加强，封闭的领子则表达了对民族精神的坚守。而正是因为有这种坚守，中华文明没有夭折。

有人说西装领子平开，难道西方就不想坚守自己的文化吗？其实西装除了外套还有衬衫，他们同样要把脖子全部封闭，并且还要用一根领带牢牢捆住。所以说尽管西方的姿态开放，但骨子里对自己的文化和价值观同样是高度保护的。

三、领子上的文章

领子是服装的端首，地位重要。所以古今都有人大做文章。

1. 皇帝的黻领

比如下图中这件皇帝的服装，领子上带有花纹，这种领子被称为黻领。领子上的图案，是十二章纹当中的黻。这个花纹在古代建筑、器皿、画作、服装当中经常见到，其寓意为善恶分明，知错能改。很显然，领子与头脑相接，皇帝的头脑当然应该善恶分明。

2. 领子上的暗示

不仅皇帝的服装会在领子上下功夫，就连现代影视制作也有人在领子上做文章。比如著名电影《花样年华》当中女主人公苏丽珍。

从心理上讲，之所以观众喜欢这部电影，除了演员的演技之外还有一个原因，就是电影当中的服装，尤其是领子帮了大忙。

在电影当中，女主角苏丽珍换了二十几件旗袍。这些旗袍的款式、面料、花纹、袖长都在变化，但有一样东西始终不变并且极有特色，就是全部采用绝高的领子。正常的旗袍，领高通常在 4~6 厘米之间，而苏丽珍的旗袍领高应在 10 厘米左右。

这么高的领子有什么意义呢？

图：明代皇帝的黻领

图：电影《花样年华》
剧照

首先不排除高领设计仅仅是从演员脖子的长度考虑的。领高与脖子协调是最简单的理由。但是二十几件旗袍各种变化，唯一坚持高领不变，就不能不猜想导演是想拿领子说事儿。

影片中的苏丽珍一直处在感情与道德的矛盾当中，但最终没有跨越道德雷区。她为什么最终能够坚守呢？这种品行从她的领子上进行了传递。

一道领子，是阻隔内外的墙，墙越高越难于翻越。所以高领会给人高贵、坚守、贞洁之感。高领的苏丽珍会被观众下意识地判断为一个操守甚高，所以难以征服的女人。这么干净的女人也会为是否去做风流少妇而苦恼，自然会引发观众的兴趣。于是男主人公是否能够最终将其征服，就成了戏剧的看点。在欲望和诱惑面前，女主角会不会败下阵来？这个问题揪住了很多人的心。

试想，如果苏丽珍低胸袒领出镜，会有怎样的观感？恐怕就会从自我坚守变成诱惑对方了。

当然，电影是简单的空间，而现实生活是复杂的。在生活当中，当然不能用领子的高低随便去判断一个人的生活作风了。

商周
战国
汉代
汉代
魏晋
南北朝
隋唐
五代
宋代
元代
明代
清代

图：历代袖型特点（摘自《中国衣冠服饰大辞典》）

四、古代袖子的功能

古代袖子的不同，主要体现在长短、宽窄、造型三个方面。袖子一般包含袪和袂两部分，因此在造型上会出现大袂大袪、大袂小袪、小袂小袪、有袂无袪的设计。清代的箭袖，也就是马蹄袖，其实是小袂小袪。把袪设计成马蹄形状，一是体现游牧民族对马的情感，二是骑马的时候能够起到给手背保暖的作用。

古代的袖子的种类不似领子那样丰富，但所能承担的功能却是领子所不具备的。因为袖子是最为灵动的服装部件。

1. 美化功能

这个功能不用多说，从碧鬟红袖、翠袖红裙、红袖添香等成语就能感受出来。比如红袖添香，就是秀才读书的时候有美人相伴。红袖在这里借指年轻貌美的女子，美人穿红袖，就是美上加美了。现代人口中的衣袂飘飘，则是从象形的角度形容衣袖的美感。

2. 舞蹈功能

虽然《韩非子》所说的"长袖善舞"可以做更多引申，但是他所描述的这件事情是准确无误的。今天的舞台上还有水袖表演。经过专门训练的舞蹈演员，能够用水袖表现出数百种姿态，比如抖袖、掷袖、挥袖、拂袖、抛袖、扬袖、荡袖、甩袖、背袖、摆袖、撣袖、叠袖、搭袖、绕袖、撩袖、折袖、挑袖、翻袖等，令人赏心悦目，拍手称绝。

图：唐代女子大袖（唐周昉《簪花仕女图》局部）

3. 遮掩功能

因为古代袖子长到可以遮住双手，所以在袖子里面就可以做很多秘密的事情，比如袖里藏刀、袖中挥拳等。市场上交易的双方为了不让其他人看到价格，有时会在袖子遮掩下用手语交易。电影《非诚勿扰》第一部最后一场戏，葛优的那个"二十一世纪最伟大发明"，也许就是受古代袖子的启发吧？

4. 表态功能

袖子有时候还能表达一个人的态度。比如不想参与，就把手对插在袖筒当中，所谓袖手旁观。不想拿对方给的好处，可以摆袖却金。如果相处不快，也可以拂袖而去，一走了之。

5. 携带功能

有一些古代袖子可以携带钱财、书信、细软。于是就有一个成语两袖清风来形容官员的廉洁。袖子里没装金银，所以才能随风而动。

比如明代官员况钟（1383—1443），字伯律，书吏出身，曾三次共十三年担任苏州知府。他一生爱护民众，被苏州百姓称为"况青天"。在他第二次任满离苏的时候，依依不舍，感慨万分，赋诗道：

清风两袖去朝天，不带江南一寸绵。

惭愧士民相饯送，马前酾酒密如泉。

五、袖子改写的历史

袖子是服装上最为灵动的部件。历史上出过很多与之关联的大事情。

图：荆轲刺秦王（山东嘉祥石刻图案）

1. 袖子改写了历史

有一个著名的历史事件叫荆轲刺秦王。记载中说荆轲来到秦王面前，展开地图，图穷匕首见。荆轲一把揪住秦始皇的袖子，抓起匕首就直刺过去。但是，毫厘之失，这一下没有刺到。于是——

秦王惊，自引而起，绝袖。——《史记·刺客列传》

秦始皇大惊。这种突发事件，生死关头，不惊就是非人类了。大惊之下，"自引而起"，就是自己快速站起来。袖子被人抓住，想站起来谈何容易，可见情急之下，求生的本能多么强大！"绝袖"，就是把袖子拉断了。于是秦始皇得以逃脱。

在这么重大的事件当中，假如没有这只袖子，历史将会走向何处？所以，这是一只改写历史的袖子。

那么所谓"绝袖"会是怎么个绝法呢？按现代人的思维分析有三种可能。

第一种可能，用力过猛，面料也不结实，于是被撕裂了。

第二种可能，荆轲拉袖子的同时，匕首在绷紧的袖子上刺出了一个豁口，然后拉断了。

但是以上两种都不如第三种可能性大。因为第三种使得袖子拉断成为必然。

袖子的裁剪方式古今不同。古代一般采用连肩袖，也就是肩和袖之间没有接缝。按《秦律》，当时布匹的幅宽为 2.5 尺，换算到今天是 58 公分左右。也就是从人体中线向外到 55 公分左右的肘部时有一道接缝，

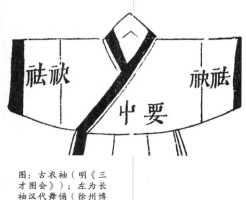

图：古衣袖（明《三才图会》）；左为长袖汉代舞俑（徐州博物馆藏）

从这里再接一幅布。两幅布加起来就超过了手指尖，这也是古代袖子偏长的原因之一。

因此，在秦始皇衣袖的中间会有一个接缝。生死关头，两个人的力量又大又猛，把袖子从接缝处拉断是必然的。只是荆轲做梦也没想到，这一道接缝儿会成为他完成刺秦壮举的巨大鸿沟。

2. 袖子改变了地盘

秦始皇的袖子影响了历史进程。还有一个人的袖子改变了封地大小。

汉景帝时，将全国的土地分封给诸皇子，并赐以王位。宠妃生的皇子所封，要么土地肥美、物产丰富，要么地域广大、纵横千里。而同为皇子的刘发被封为定王，属地在长沙，地盘却很小很小。

刘发的母亲唐姬原本是一名侍女，偶得汉景帝宠幸生下了刘发。母亲地位卑贱，刘发自然也不受重视。

长沙郡当时是个很贫穷的地方，气候潮湿多雨，生产方式落后，而且人口不多，所以刘发很不开心。

有一次汉景帝过生日，各地封王都来拜寿。时值文景之治，国运昌盛，庆典活动也非常隆重。京城里张灯结彩，热闹非凡。但刘发看到京城的繁华热闹，心中却是另一番滋味。

在正式的寿宴上，各地封王和群臣一边舞蹈一边行三拜九叩大礼，向景帝祝寿。但是刘发是怎么做的呢？

定王但张袖小举手，左右笑其拙。——《太平御览》引《汉书》

定王刘发只是甩甩袖子，举举手，动作很局促很小气，不似别人那般投入和热烈。汉朝的袖子较长，长袖本该善舞，所以刘发的异样表现引来身边的人指笑，就连汉景帝也发现了。于是他问刘发："你到底怎么回事啊？是不会还是不想向朕行礼啊？"

刘发说："儿臣不是不会行礼，只是地方太小，回旋不开。"

汉景帝一听就明白了，他是抱怨封地狭小。一想也是，同是皇子自当一碗水端平，厚此薄彼反而会惹出事端。于是，景帝又给刘发加封了三郡的土地。

后来，"长沙不足舞"这一典故就用来形容地方狭小，无法施展。这个典故，至少长沙人应该了解。

六、领袖人物的特质

领、袖各自都已足够精彩，但如果把它们合起来组成"领袖"一词，则有了另外一种内涵和高度。

司马昭口中"人之领袖"，其实是杰出和表率之意，并没有领头人的含义。以司马昭的野心以及同魏舒的关系，不可能把魏舒说成是领头人。但是他的说法在那个时代也没有错误。因为当时服装中地位最高的是冠冕，当司马昭自我对位成冠冕的时候，自然也就不忌讳称呼魏舒为领袖了。

而这个领袖，其实等于在夸赞魏舒的脑子好用，手段也高明，既有思考力又有行动力，是人臣的表率。那么，魏舒是否就是这样的人呢？

1. 头脑很好使

魏舒从小是个孤儿，是靠外婆抚养长大的。但是魏舒年轻的时候并没有什么出彩的表现。当时有个当官的亲戚看见他的样子后说了一句话：他将来若是能管几百户人家，我就心满意足了。显然魏舒那时被人料定不可能有大出息。

果然40岁以前，魏舒的确没偏离亲戚的判断，没文化，没地位，也没钱。

魏舒虽然没这没那，却有一样东西很少有人具备，就是他一直坚信将来能够出人头地。正如现代人所说信念很重要，魏舒坚信的结果，就是终于等到了一个机会。

四十多岁的时候，郡里考核属官、察举孝廉，魏舒想参加考试。他的亲戚朋友认为魏舒没念过什么书，劝他不要参加。那么大年纪凑这份热闹，再被刷下来，多没面子？魏舒说：如果参加了而没能考中，是我不行，我认。但因为面子不参加考试，态度不可取。他说的现象的确是有的，有人会故意做出一副不屑的样子，我都懒得参加，其实就是心里不够自信。

接下来魏舒就下了苦功夫，用一百天学习儒家经典之后居然考中了。这同仿佛只念三个月书就能考上大学一样，头脑确实超常！"领袖"当中的"领"字，魏舒算是当之无愧了。

2. 手段也很伶俐

但在做官的路上，开始也不太顺利。比如说那个时代也需要精简机构。

魏舒看见其他人都是苦读十年才考进来，而自己不过是进行了一次突击，相当于现代人参加了补习班而已，所以底气不足，就干脆自己夹着铺盖卷儿走人，把机会让给了同僚。可见儒家经典没有白学，温良恭俭让，其中的"让"字，他做到了。

魏舒平时人缘不错，虽然自己走人了，但还是有很多部门想要用他。所以几经辗转，就进入军队当上了参谋。当时的军队也经常比武，魏舒所在的部队搞的是射箭比赛。这种比赛本来不需要文职参加，他只是做一些辅助工作罢了。但是恰巧有一回比赛的人手不够，怎么办？就用魏舒凑了个数。正如现代人说机会总是眷顾有准备的人，接下来发生的事情就像武侠小说里的故事一样神奇。只见魏舒气定神闲，从容不迫，拉弓射箭，结果是百发百中，打遍全场无敌手！一下子军队上下都震惊了，出黑马了，爆冷门了。

这个时候他的领导说话了。他一边慨叹一边道歉说：看来我没有充分发挥您的才能。您的箭射得这么好我都不知道，我忽视的肯定不只是这一件事儿，还不知道埋没了您多少才能呢。于是魏舒开始不停地升官。后来到朝中府中，遇见琐碎的事情，他都不发表看法；但说到兴废大事，众人想不明白的，魏舒从容筹划，大多都是超出众人的高论！所以魏舒又是一个会做事，懂技术，有手段的人。因此领袖当中的"袖"，做得也不含糊。

这样的领、袖配合在一起，头脑、手段俱佳，思考力和行动力都强，当然是杰出人士，优秀员工，先进工作者！

七、领袖含义的升级

最初从司马昭嘴里说出来的领袖，只是杰出者，而不是领头人。其实在很长一段时间内都是这个含义。那么，领袖的含义是什么时候升级为领头人的呢？

1. 冠冕沦落以后

之所以过去的领袖不是领头人，是因为传统服装当中有更高级别的冠冕。冠冕在领袖之上，所以领袖只是优秀员工。因此领袖成为地位最高的带头人，必须等到冠冕的地位弱化之后。

东汉末期，贵族和名士对官服的态度趋于冷漠，对冠冕自然也不似从前那么尊重。后来袁绍、孙坚、诸葛亮、周瑜、曹操等都开始戴简便朴实的平民首服——巾。但那时毕竟还是封建王朝，冠冕依然是法定的存在。你可以漠视，但不能对抗。同时就算是普通百姓，在相当长的历史当中也都有首服，至少都有一个把发髻固定的头饰。所以领袖一词虽然已经形成，但在有冠冕巾帽等首服存在的情况下，司马昭也只能赋予领袖以杰出的含义。即便从明代开始偶有领头人的意思，也褒贬皆可使用。

但是从清朝开始，老百姓都梳辫子并把额上头发剃掉时，头上就没有东西了。虽然清朝官员还戴帽子，但不戴帽子的百姓人数众多，所以"领袖"一词地位升级，就有了广泛的心理基础。

在清朝末期曾经出过一件大事——戊戌变法。这场变法仅仅一百天就因为触犯了慈禧太后等守旧派的利益而遭到强烈抵制。后来局面逆转，谭嗣同等六君子被杀，变法宣告失败。但是他们的变法主张，却激发了中国人更加强烈的反抗，更希望推翻帝制，建立共和。

这个时候，章士钊用笔名黄中黄在《沈荩》第二章写道：

北方之谭嗣同，南方之唐才常，领袖戊戌、庚子两大役，此人所共知者也。

这里领袖，不再只是杰出和示范的意义，而是带领和领导，与现代领袖的意义接近了。

从谭嗣同的照片可以看到，因为没有帽子，领子就变得突出了。

图：谭嗣同像

2. 角度转换之后

领袖之所以后来成为领头人，还与政治观念的变化有关。

过去的冠冕谁来戴呢？是官员。但是长久以来，在封建王朝，官员与民众的关系就是对立的。也就是说官员不属于百姓这个群体，他们是来管制甚至欺压百姓的。但是领袖呢？出自民众，是民众的带头人，是跟民众站在同一个立场的。这种角度的转换具有深刻的政治和文化意义。可以说冠冕时代体现的是君权神授；而领袖时代开始体现人民意志。

其实在古代，领袖并不仅仅用来形容杰出和榜样，还可以用来表达反面的突出。比如说在《醒世恒言》中就描述某人的老婆：

是个拈酸的领袖，喫醋的班头。

显然这个领袖带着贬义。

所以，当人们把领袖作为自己的领头人时，就需要把贬义的部分删除，变成一个单纯的褒义词。这样才能用来指代令人尊重、大家支持的领头人。比如，人民领袖。

领是一座山，袖是两江水。

虽然领袖原本只是服装部件，但它的概念、意象、演变，却渗透在历史当中，值得后人仔细地品味、琢磨。

第十三篇：衣带渐宽

现代人都熟悉宋代文人柳永的一句词：

衣带渐宽终不悔，为伊消得人憔悴。

尽管这句词的原意是表达对女人的爱慕和思念，而现代人则拓展为激励自己勤奋学习，孜孜追求人生目标。这个转变可谓智慧！

一、远古的腰带

古人的腰带主要有两种，即布带和皮带。

1. 布腰带

在历史资料当中，布腰带是由黄帝发明的。明代学者罗颀所著的《物原》说道：

轩辕始作带，颛顼制绦。

可能有人提出疑问，连腰带这种无须设计的东西也需要归功于黄帝吗？其实，黄帝之前先民羽皮革木以御寒暑，很多东西即使有也都没有定型。但是，在黄帝制作了上衣下裳以后，就需要有一条功能明确的腰带来约束服装。那么黄帝制作的腰带是什么样子呢？在汉代文献《大戴礼》当中有这样一句话：

黄帝黼黻衣大带。

这里的大带就是一种布腰带，后来也称之为绅带。在系好以后，两端下垂的部分叫作"绅"。绅的长度一般为从腰际到脚面的三分之二。但是这个绅在祖先那里也有深刻含义。汉代文献《白虎通义》中说：

图：腰系大带的尹喜（明《三才图会》）

所以必有绅带者，示谨敬自约整。

意思是说，人之所以系绅带，主要是为了表示做人谨慎、对人恭敬，自我约束，自我完善。所以绅带不仅仅是一条衣带，同时也是一个人道德水平的标示。具有这种素质的人就是传说中的绅士。

但是，布带并不仅仅有绅带一种。在宋代类书《群书考索》当中还有一句话：

古之带则有大带、浅带、博带之别，素带、练带、锦带、编带、杂带之辨。

这句话里的浅带和博带到底是什么样，生活在战国时期的荀子解释说浅带就是博带，但是什么是博带呢？还是不明确。而诸如素带、练带等，则是以色彩、材料为据所做的命名。

中国的传统服装一般都会有等级制的痕迹。同样在古代即使是腰带也不是混用的。比如在《礼记·玉藻》当中就说：

天子素带朱里终辟，诸侯素带终辟，大夫素带辟垂……

就是说天子的大带是用丝绸做的，外白内红整带镶边；诸侯则内外都是白的，整带镶边；而大夫白色但只有下垂也就是绅的部分有镶边。

2. 皮腰带

虽然说北方的游牧民族早期系皮带是顺理成章的，但是在中原地区生活的汉族，因为也曾经靠狩猎生活，所以早期也有使用皮带。

那个时候的皮带分为两种，一种是韦带，一种是革带。韦和革都是去了毛的兽皮，不同之处在于韦是熟皮，革是生皮。还有一种说法认为韦带是没有装饰的。后来两者都统称为革带或者鞶带。

古代纺织远没有今天发达。用纺织品制作的腰带有颜色，也有花纹，需要耗费很大的人力，自然比革带更为珍贵。所以中国古代一直保持着

图：大带（宋《事林广记》）

图：大带（明《三才图会》）

图：革带（明《三才图会》）

以布带为尊的习惯，绅带也往往用在重要场合和重大活动当中。

二、带钩救了一位霸主

虽然腰带仅仅是一种衣物，但同样在历史中发挥过重大作用。春秋首霸齐桓公与管仲之间的射钩之恨，就是一个广为流传的故事。

1. 射钩之恨

在《管子·大匡》当中记载：

桓公自莒先入，鲁人伐齐，纳公子纠。战于乾时，管子射桓公中钩，鲁师败绩，桓公贱位。

说的是公元前 685 年，齐国两任国君接连被杀之后，公子小白也就是后来的齐桓公，从莒国抢先回到齐国准备接任国君。而当时小白的二哥公子纠和他的老师管仲正在鲁国。按照惯例，父死子继、兄终弟及，理应由公子纠继任。于是鲁国便派兵护送公子纠直奔齐国而来，跟小白争夺君位。

当然已经在齐国控制了局面的小白不可能拱手相让。接下来齐鲁两国在乾时打了一场大仗，在战斗中管仲一箭射中了小白。但恰巧这一箭射在带钩之上。后来鲁兵战败，小白回齐国正式登基。

在冯梦龙的小说《东周列国志》中把这段故事演绎成了另外的版本。说的是管仲在小白回国的路上进行了拦截，一箭射中小白带钩。而小白则咬破舌头口喷鲜血装死，这才骗过管仲，争取到了回国的先机。

虽然两个版本有所差异，但一箭射中带钩却是板上钉钉的事实。

历史不容假设。正是因为有了这只带钩小白才能躲过一劫，而后成为齐国的国君。而正是因为小白能够放弃个人恩怨，任用管仲为相，齐国才成就了千秋霸业。

2. 带钩之兴

那么带钩是什么东西呢？

最早的革带，是在两端钻孔，然后用丝绳系在一起，所以不够美观。但因其捆扎较紧，用力方便，所以做重体力劳动的穷人使用居多。王公贵族即便使用也往往顾及颜面，在系好革带之后还要在外面加系一条绅带。

但是到了周朝革带有了创新。开始用带钩固定在革带的一端，勾住革带另一端的扣眼进行捆扎，既方便又美观。这样一来革带就开始直接系在外层，而带钩也因此发展出玉石、金属等材料和多种外形。

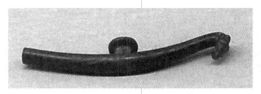

图：春秋时期带钩（陕西博物馆藏）

在《淮南子·说林训》当中有这样一句话：

满堂之坐，视钩各异。

说的就是当时贵族们聚会的情景。后来带钩历经多个朝代，以战国及秦汉时期最为流行。

目前，中国已有多处遗址出土过带钩。但管仲射中的是哪一款，恐怕永远都是历史之谜了。

三、衣带诏的谜团

带钩救小白一命是重要历史事件。八百年后又有一个历史事件，同样非常重要，但这一次却让很多人为之丧命。

1. 汉献帝的计谋

在东汉末年，曹操挟天子以令诸侯，汉献帝形同虚设。曹操的飞扬跋扈，时常把皇帝搞得非常郁闷。那是个独尊儒术讲"三纲"的朝代，曹操的行为在其他人看来显然大逆不道。但由于曹操势力太大，满朝文武也是敢怒而不敢言。

遇到这种情况，汉献帝怎么办？也是出于无奈，他把自己的想法写成诏书偷偷藏在一条衣带里交给了大臣董承，想由他召集人除掉曹操。这就是历史上著名的"衣带诏"。

2. 精彩的描述

在《三国演义》上，这一段的描写非常精彩。

操即入朝来看。董承出阁，才过宫门，恰遇操来；急无躲避处，只得立于路侧施礼。

操问曰："国舅何来？"

承曰："适蒙天子宣召，赐以锦袍玉带。"

图：曹操像（明《三才图会》）

操问曰："何故见赐？"

承曰："因念某旧日西都救驾之功，故有此赐。"

操曰："解带我看。"

承心知衣带中必有密诏，恐操看破，迟延不解。

操叱左右："急解下来！"

看了半晌，笑曰："果然是条好玉带！再脱下锦袍来借看。"

承心中畏惧，不敢不从，遂脱袍献上。操亲自以手提起，对日影中细细详看。看毕，自己穿在身上，系了玉带，回顾左右曰："长短如何？"左右称美。

操谓承曰："国舅即以此袍带转赐与吾，何如？"

承告曰："君恩所赐，不敢转赠；容某别制奉献。"

操曰："国舅受此衣带，莫非其中有谋乎？"

承惊曰："某焉敢？丞相如要，便当留下。"

操曰："公受君赐，吾何相夺？聊为戏耳。"

遂脱袍带还承。

这段描述中，曹操步步紧逼即将得手，而董承退无可退之后终于化险为夷。高度紧张之后突然放松，制造出了极强的阅读快感。但是，从服装本身来说，锦袍玉带的合理性值得研究。

其实在《资治通鉴》等正史当中的说法都是"衣带"，并没有使用过"玉带"一词。所谓"锦袍玉带"很可能是罗贯中老人家自己演绎出来的。一般来说，玉石应该镶嵌在革带之上，而革带显然无法藏下一份诏书。所以正常情况下赏赐给董承的应该是一条绅带。

接下来衣带诏引发了曹操清除异己的血腥行动，致使绝大多数参与其中的大臣丧命。与此同时曹、刘两家开始撕破脸皮由暗斗走向了明争。

从此"衣带诏"成了皇帝密令的代名词。

四、蹀躞带的华丽转身

早在赵武灵王胡服骑射的时候，北方游牧民族的革带就开始进入中原，用于武装军队。在三国之后中国进入了魏晋南北朝时期，游牧民族大举进驻中原，革带的使用更为普遍。于是革带进入了发展的黄金期。

1. 蹀躞带

在游牧民族的革带当中，蹀躞带最具代表性。蹀躞带的样子很像现代的电工皮带，上面有多个挂环以携带小型武器或生活细软。这种革带显然更能满足游牧民族经常移动的要求。在一些古代画作当中可以看到腰缠蹀躞带的人物形象，甚至连女性也有这样的装束。

但很明显蹀躞带有一个问题。因为上面挂了很多零碎的东西，走起路来难免发出稀里哗啦的响声，所以显得不够庄重。为了避免发出声音，就需要走小碎步。于是后来就用"蹀躞"一词形容碎步走路。

尽管蹀躞带有此不便，但女性们仍然能够找到它的美学用途。她们在蹀躞带上悬挂鸟兽兵器等形状的七种饰物来限制走路的速度。当走路步伐过大过急时，七种饰物就会互相碰撞，发出叮当的声音，这样就会令人感觉轻浮失礼。所以这七种饰物又被称为"玎珰七事"或者"禁步七事"。女人腰系蹀躞带，恰好被用来培养优雅气质，可见中国女子对优雅的追求是骨子里的。

图：腰束蹀躞带的唐代女子（《中国衣冠服饰大辞典》）

2. 隋炀帝

中国服装的发展，等级分明是主线之一。到了南北朝时期，挂环的数量也逐步演变成为等级标志。天子的蹀躞带，规定为十三个环。

在扬州曹庄隋炀帝墓中出土了一条完整的帝王十三环蹀躞带，上面的挂环是金镶玉的。

隋炀帝在历史上的名声不好。但是他对传统服装却有很多贡献。比如他下令制作过仙裙、花罗裙仙飞履、五彩立凤锦袜等。可见这位皇帝的确有强烈的爱美之心，所以他为自己置办一条十三环金镶玉的蹀躞带，符合他的本性。

其实在他父亲隋文帝在位时，大臣李穆为了表达忠心，就曾敬献过十三环镶玉的金带。所以《周书·李穆传》记载：

> 遣使谒隋文帝，并上十三环金带，盖天子服也，以微申其意。

但是，李穆敬献的十三镮金带是否就是隋炀帝墓中的这条，真相有待于发掘。

图：隋炀帝墓出土的蹀躞带

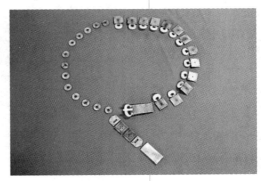

五、唐朝的进一步改变

但是，不可忽视的是隋炀帝的蹀躞带已经失去了战斗功能。系着这样的腰带上战场，很容易成为众矢之的。然而事情并没有到此停了下来。此后革带更受皇帝们重视，其变化也就越来越令人咋舌。

1. 从实用性到装饰性

蹀躞带本来的优点是有多个挂环，便于携带小型武器或生活细软。但是皇帝腰束蹀躞带再挂着零七八碎的东西，一不小心就会发出响声，形象就会受到影响，于是就想到了把蹀躞带上的环变成銙。

所谓的銙就是皮带上所镶嵌的玉石或者金银铜饰。虽然目前无法确知这一转变发生的具体时间和人物，但可以肯定在唐朝有了正式规定。

《唐会要·章服品第》载：

文武三品以上服紫，金玉带十三銙。四品服深绯，金带十一銙。五品服浅绯，金带十銙。六品服深绿，七品服浅绿，并银带，九銙。

可见在体现等级制的同时，一条革带也变得越来越奢侈了。

2. 奉还战利品

在唐玄宗的时代，出过这么一件事情。唐玄宗曾经把一条紫金带赐给了岐王。而这条紫金带是唐高宗破高丽时缴获的战利品。古今同理，携带战利品，是件非常荣耀的事情。

但是后来高丽派人来访，唐玄宗在内殿设宴款待。正吃着饭，高丽使节面色从容，不亢不卑地说：这条紫金带是我国流失的。现在我国正闹饥荒，民众四散，到处都在打仗。幸好紫金带在您这里的国库，我今天能见见它就心满意足了。

不愧是使节，话说得又好听，道理又占着。我家的宝贝你好意思据为己有吗？

这种时候唐玄宗怎么办？当然大唐毕竟是大唐，这点风度还是要有的。于是唐玄宗下令把已经赐给了岐王的紫金带转赐给了高丽使者。

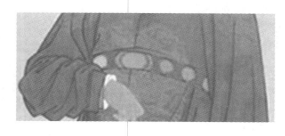

图：唐高祖腰束玉銙带
（《历代帝后图》）

六、传说中的紫云楼带

唐玄宗把战利品拿给战败方观看，但是到了宋朝事情就反过来了。

1. 累死了工艺大师

宋太宗就是赵匡胤的弟弟，宋朝的第二位皇帝。宋太宗找到了一位能工巧匠，相当于现代的大国工匠、工艺大师，让他在紫云楼下制造金带。并且皇帝很认真，亲自监工。皇帝监工，大师不敢怠慢，所以只做了三十条就累死了。于是，三十条金带成了绝版。这就是史上赫赫有名的"紫云楼带"，当时也是北宋的镇库之带。

但是后来北宋战乱，这些宝贝基本上在宋徽宗的手上散失了。

又过了很多年以后，海外来人，让岳飞的孙子岳珂看了紫云楼带上的四个"銙"。这四銙是什么样呢？今天已经没有实物可以见证，只能按照岳珂的描述去想象了。

第一，这四銙要比当时的规格做得更大。

第二，使用的紫金，光彩溢目，非同寻常。

第三，人物是突出来的，虽然不到一寸，但眉目生动，即使是著名画家吴道子，也画不出这种神韵。

第四，花纹是镂刻的，有六七个层次，刀法之细腻，连鬼神都无法想象。所以，岳珂在《愧郯录》中说：

是在往时为穷极巨宝。不觉为之再拜太息。

岳珂发出深深的叹息。叹息什么呢？跟现代的想法差不多。就是在说祖先太智慧了，仅仅是一条皮带，都做得让后人无法超越啊。但这样的巨宝都丢了。

宋 太 宗 像

图：宋太宗像（明《三才图会》）

2. 炫富的工具

其实讲到这里，不管岳珂描述得多好，都很难回避现代人对此发出的质疑。宋太宗和宋徽宗两位皇帝，一位痴迷于金带，亲自监工累死了能工巧匠；一位痴迷于字画，留下了很多艺术作品。不可否认他们的艺术才华，也不可否认他们同样有喜爱艺术的权力。但是这样的人当皇帝，国家还能有什么指望？好端端的用来武装军队的皮带，硬生生地变成了奢侈品。就仿佛在现代，把航母建造成一个巨大的珠宝楼，钻石宫殿，实在荒唐！

虽然说皇帝消费的数量极少，但示范作用极大。在此之后，官员更加追求皮带的精美，上面的金玉也越镶越多，所以腰带不断加长。最后就成了一个比腰还粗很多的大圆圈悬挂在身上，彻底成为了炫富工具。这样的装束今天看来，活脱脱的就是一幅土豪的模样。而当举国官员争相炫富的时候，民众所受的盘剥将何其沉重？这个朝廷将会走向何方？

七、文天祥的绅士风度

古代对于腰束绅带者的要求是做人谨慎、对人恭敬、自我约束、自我完善。但是面临生死考验能否真正做到，就要看一个人的品格了。虽然是在痴迷紫云楼带的宋朝，还是出了一位至今令人怀念的真正的绅士。

1. 衣带赞

公元 1283 年的 1 月 9 日，文天祥英勇就义了。他的夫人在处理后

图：湖北省博物馆展出的金带、玉带及金镶玉带等带銙

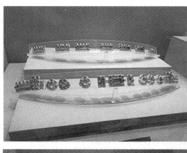

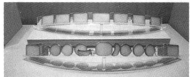

事的时候，发现了一篇写在衣带里的文章叫《自赞》。上面写着：

孔曰成仁，孟曰取义，惟其义尽，所以仁至。读圣贤书，所学何事？
而今而后，庶几无愧！　——《宋史·文天祥传》。

显然，这篇《自赞》有一种自我总结与自我确认的意思。

那么《自赞》里面都说了什么呢？说以前读了许多圣贤书，从中学
到的是仁义。现在事情做到这个程度，自觉已经仁至义尽。所以从今
往后，基本上已经问心无愧了。在生命的最后时刻，面对死亡的恐惧，
一个人所想到的还是如何仁至义尽，问心无愧，这个人的品格远非常人
所能及。

2. 自我完善

文天祥是南宋的丞相，伟大的民族英雄，著名的爱国诗人。除了"人
生自古谁无死，留取丹心照汗青"之外，这篇放在衣带里的《自赞》，
同样是他留给后人的精神财富。

文天祥的这篇《自赞》想要表达什么呢？

第一，他在临终之前想到的是孔孟和仁义。文天祥所在的南宋，对
儒家是空前推崇的。文天祥又曾经是科举状元，儒家经典绝对烂熟于心，
对他影响巨大。其实这一点，在他的名篇《过零丁洋》的第一句"辛苦
遭逢起一经"当中已经说明了。"一经"就是儒家经典，他的家国情怀
就是儒家塑造的。

第二，在文章最后，他提到的是"庶几无愧"，就是于国于君于己
于人都无愧疚。在生命走到尽头的时候，要做到问心无愧，显然这句话
讲的是自我完善。本来追求完善是一种心理倾向或者性格特征，与信奉
哪一家学说没太大关系。但是当这样的个性遇见儒家，自然会按儒家的
价值标准要求自己。从儒家的家国情怀出发，在国家危难之际要能杀身
成仁舍生取义。于是，历史上演了难忘的一幕。

3. 民族英雄的最后时刻

文天祥就义的时候，到底系的是布带还是革带，史料上并没做清楚
交代。但是文天祥在监狱里关押了三年，不可能给他穿官服或者军装。
所以他穿的很可能是囚衣或者便服，而与之配套的应该是一条普通的布

腰带。虽然这条布带不是官员的绅带，但是在文天祥身上绅士品格却一点都没有因此而缩减。

文天祥被俘以后，曾经服毒自杀，但是没有成功。期间受到的折磨和诱惑，非常人可以忍受和抵御。

公元 1283 年的 1 月 8 日，忽必烈召见文天祥亲自劝降，打算授予高官显位，可谓给足了面子。在历史上常有类似情况， 这时只要说一声士为知己者死就可以堂而皇之地跟敌人站在一起了。

那么文天祥是怎样表现的呢？

首先长揖不跪。一位真正的绅士即使面对敌人也要表现出良好的修养，也会讲究礼节。但是礼节不能过度。如果对忽必烈跪拜，就等于在敌人面前屈服，也是对自己国家不敬。所以文天祥的长揖不跪，恰恰是一种"谨敬"的态度。

当然忽必烈还是非常爱惜文天祥这个人才的。他看到文天祥不肯下跪，也没有强迫，只是劝降。但是文天祥却说：我蒙大宋之恩做了宰相。岂能效忠二姓？只愿赐我一死足矣！ 一个人面对死亡和诱惑，能够如此坚守忠义，保持节操， "自约整"同样做到位了。

第二天，也就是 1 月 9 日，文天祥被押解到刑场。他问监斩官：哪边是南？有人给他指了方向，文天祥向南方跪拜，然后说：吾事毕矣。

然后慷慨就义。

像 善 履 文

图：文天祥像（明《三才图会》）

八、从衣带到民族心理

在中国古代，腰带的量词，不是一条的条，而是腰。陆游在《老学庵笔记》讲道：

> 古谓带一为一腰。近世乃谓带为一条，语颇鄙，不若从古为一腰也。

就是说，那时候带的量词为腰，最近大家都称呼为一条，实在是太粗俗了，显然不如古代一腰来得文雅。

1. 衣带的语言痕迹

衣带，是生活的必需品，同样也给语言和文化增添了丰富的色彩和内涵。比如——

说两个地方非常近，叫"一衣带水"。这个成语出自隋文帝杨坚之口。他在北方建立隋朝之后想要统一长江以南地区。于是他说：南方的百姓都把我当成了父母，我岂能因为一衣带水，就是像衣带那么窄的水流阻挡，就不去拯救他们呢？

还有，中国人说到通过女人的姻亲关系所缔结的利益同盟，紧密的也好，松散的也好，都叫"裙带关系"。

再比如说到时间久远，任何动荡也不忘初心的时候，就会说"带砺山河"。这里的山就是泰山，河就是黄河。视泰山为矮矮的磨刀石，视黄河为窄窄的衣带，这种胸怀和气概，还有什么动荡战胜不了呢？

2. 民族性格

衣带对语言、行为、审美、历史都有影响。这些影响也在很大程度上影响了民族的心理和性格。虽然一个民族的文化成因有很多，但无法忽略服装的贡献。并且虽然不是简单的因果关系，但也能从中找到相通性，从而引发深入的思考。

古代的腰带分为布带和皮带。在帝王的服装配置中，布带的地位是最尊贵的。一般来说，古代系皮带的主要是军人。在隋唐以后，皮带的地位才开始提高，于是到了宋朝就有了奢侈的紫云楼带。但是，在重大朝会和祭祀活动中，皇帝仍然要系大带，也就是布带。

虽然布带和皮带都是用来约束服装的，但它们的特点也很分明。布带的约束柔软体贴，富有弹性；而皮带的约束则严格规范，可丁可卯。

所以，文人喜欢系布带，而军人则必须系皮带。再打一个更大的比方，布带对人的约束更像是道德伦理；而革带就仿佛是法律法规。强调道德伦理是儒家的特点；强调法律法规是法家的特点。

按理说，道德伦理与法律法规是社会治理的一体两面，一个是高标，一个是底线，不可或缺。但是，中国历史上大部分时间大部分人推崇儒家而反感法家，这一点似乎与中国人大部分时间大部分人喜欢腰系布带而非皮带，在心理上具有一定的相通性。

第十四篇：纨绔是非

对于现代人，没有谁会为是否穿合裆裤而纠结。但是在古代，穿不穿裤子或者穿什么样的裤子，就远远没有那么简单。很多时候，服装的发展遇到的不是技术瓶颈。可为的情况下坚决不为，往往是出于文化原因。

一、3300 年前的裤子

中国幅员辽阔，是多民族国家，服装上自然会出现不同的形制。在古代，中原地带的汉民族主要采用的是衣裳制，即上衣下裳。而北方的游牧民族则主要采用衣裤制，也就是上衣下裤。

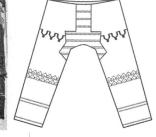

图：新疆海洋古墓出土的裤子及仿绘图

2004 年五月，考古专家在新疆洋海古墓当中发现了距今 3300 年的两条裤子。其形制与现代几乎无异，有裆，腰部用绳子捆扎。

这两条裤子由两名 40 岁左右的男子穿着。他们可能是牧民，也可能是士兵。除了裤子外，墓穴中还发现一条马鞭、一个木制马嚼子、一把战斧以及一张弓。

这两条裤子是中国目前出土的最早的合裆裤。

在中原地区，汉民族早期之所以采用衣裳制，是因为那时天气相对炎热，并且普遍以农耕生活为主。但是北方的游牧民族则不同，一是天气寒冷不适合穿着保暖性能较差的裙装；二是需要骑马并经常在草木荆棘中行走，所以需要穿裤子来保护皮肤。

二、中原裤装的开始

其实，中原地区早期并非没有裤子，只是形制上与游牧民族有所区别，且是衣裳制的一种补充。

1. 早期的裤装

那时的祖先，因为天气炎热，加之农耕生活，所以下身选择穿裳。但是到了寒冷季节或需要保护小腿的时候，他们也有自己的发明，就是穿袴。《格致镜原》引《物原》的说法：

禹作袴。

可见，袴是在大禹时代发明的。但是这个袴，虽然与现代裤字的读音相同，形制却是不同的。同样在《格致镜原》当中引《逸雅》的解释：

袴，跨也。两股各跨别也。

可见这个字的读音与穿着姿态"跨"有一定的联系，强调的是两条腿分穿。于是，就有了如下两种形态。

第一种是胫衣。在《格致镜原》引《说文》当中有一条解释：

袴，胫衣也。

胫，就是小腿。胫衣，接近今天的高筒袜。并且上端有系带可以系在腰间，防止穿着时向下滑落。

第二种是开裆裤。《格致镜原》引明代学者张萱《疑耀》当中的说法：

古人袴皆无裆。

按此解释，"袴"应该是一种开裆裤。现代考古发现也证实了它的存在。于是古人内穿开裆裤，外面加裳，散热、保暖、护腿、遮羞等问题一并得到了解决。

2. 不封裆的原因

显然，开裆裤与合裆裤之间，并没有技术瓶颈。所以祖先们坚持不把裤裆缝合，一定另有重要原因。有人认为穿开裆裤是为了方便解手和男女交欢，这样的说法显然无法令人信服。现代社会几乎人人都穿合裆裤，但是并没有影响这些生命活动。相比起这些原因，如下两个说法可能更为重要。

第一，在开始设计服装的年代，中国天气炎热并且纺织技术不高，所以穿粗糙面料做成的合裆裤，会感觉很不舒服。

第二，《黄帝内经》等中医经典当中都特别强调一个"通"字。人的气血、经脉，以及与外界的交换，无论是有形的还是无形的都要畅通。比如古代气功就讲究采天地之清气，排身体之浊气，等等。所以从这样的理论出发，古代人就会认为开裆是健康的。如果把裤裆缝合，毒气不能很快散发则会反攻身体，反而不利于健康。其实这一点是可以找到实证的。比如裤裆是最容易滋生细菌和虱子的地方，如果卫生条件不好，穿封裆裤反而会多一些烦恼。

3. 思维习惯和民族性格

古人之所以宁愿穿着需要处处小心防止走光的服装，也投射出一种明显的思维习惯，或者说民族性格。

当面对不舒适的生活，是创造条件去改变还是调节行为来适应，是两种相反的力量。一种利于发展，一种利于稳定，缺一不可。不同的民族会有不同的倾向。中国人的祖先更强调第二种，也就是调节自己顺应现实。注意，不是说没有第一种，只是第二种更多而已。中国人通常认为祖先比现代人智慧，尤其那些古圣先贤的创造更是高山仰止。如果觉得不适应，就说明自身修炼不够。所以赵武灵王想推行胡服骑射遇到那么大的阻力，也跟先民们倾向于第二种思维有关。

三、礼仪必不可少

但是不管怎么说，在现代人看来不穿合裆裤都很难避免出现尴尬的状况，怎么办？当然，这一点祖先也早就想到了。

1. 行为的约束

最初的裳，普遍偏短。但是随着生产发展，文明程度提高，男女、官贵的衣裳就有了不同。由于妇女和官贵不再从事重体力劳动，所以围裙逐渐加长，直到长达脚面。于是尴尬状况得到了一定程度的避免。

但是仅有围裙的遮掩仍然不够，人在活动当中总有疏忽的时候。于是中国的礼仪文化就发挥了管控自我形象的重要作用。

比如《礼记》中就规定：

劳毋袒，暑毋褰裳。

就是干活时不能袒露身体，夏天也不要把围裙提起来。

再比如跪坐。在很多古装剧里可以见到跪坐的镜头。跪坐能够有效地遮挡隐私部位，只是坐久一点会比较难受。但是为了展现敬人律己的基本素养，难受也必须坚守。习惯成自然。

2. 孟子欲休妻

但是百密一疏，谁又能一辈子不出差错呢？

两千三百多年前有这么一天，孟子回到家中推门进入自己的房间，迎面正看到妻子坐在那里。孟妻的坐姿在古代有一个标准说法叫"箕踞"，就是像簸箕那样坐着，两腿向前伸开。

孟子看了没说话退了出来，对母亲说：我妻子不讲礼仪，我想休了她。

孟子的一生之所以有那么大的成就，跟孟母有莫大的关系。史上最著名的教育子女故事当中，孟母三迁和孟母断织，就是这位老人家留下的。

小两口过得好好的，怎么突然想到休妻？这么大的事情，孟母当然需要问个究竟了。

孟母问：为什么呢？

孟子说：因为她箕踞！

那个年代，中国人尤其是女性普遍不穿裤子，所以孟妻的坐姿迎面看上去很不雅观。用现代的话说就是走光了。而孟子是儒学亚圣，当然把礼仪看得非常之重。所以面对无法接受的场面提出休妻，从他的角度看是完全可以理解的。不想休也就不是孟子了。

但是孟母又问：你怎么知道的呢？

孟子说：当然是我亲眼看见的！

接下来孟母沉默了一会，然后温和地说：这件事啊，我看是你不懂礼仪，不是你媳妇有错。她说：

《礼》不云乎？将入门，问孰存。将上堂，声必扬。将入户，视必下。

——《韩诗外传》

《礼记》上不是说了吗？进门之前要先问有谁在里面；进入厅堂的时候必须先高声传扬；进入房间的时候眼睛必须先往下看。这些都是为了让里边的人有所准备。现在你到妻子休息的地方，进屋又没有声响，所以让你看到了她箕踞的样子。这是你没礼貌，并非是你妻子不够检点！

当然以孟子的才智，一点就通，一拨就亮，听到母亲这番话，立刻醒悟了。原来错在自己，也就不再敢提休妻的事了。

图：孟子像（明《三才图会》）

图：跪坐俑（陕西博物馆）

图：秦始皇陵出土箕踞姿俑（陕西历史博物馆）

四、大文豪的豪放

开裆裤虽然有一些优点，但是缺点也很明显。从实用角度看，军人和劳作之人无论是出于保护身体还是维护形象，都需要穿上合裆裤。所以也就是孟子在世的同一时代，赵武灵王开始推行胡服骑射，让军人们都穿上了胡人的合裆裤，于是赵国军队战斗力大增。在这之前，打仗普遍用步兵和车兵，所以对合裆裤的需求并不迫切。但赵武灵王要发展骑兵，那就非穿合裆裤不可。

1. 文君当垆

赵武灵王之后，合裆裤开始向其他诸侯国普及，随后从事重体力劳动的男人，也有了简易的封裆裤"裈"。而提到裈，就有一段流传很广的故事。

汉代文学家司马相如，字长卿，最擅长写辞赋，写过很多名篇。司马迁在写《司马相如列传》的时候，往往整篇引用，可见其作品无论思想性还是艺术性，都让太史公司马迁难以割舍。

但是人生总有个机遇的问题。司马相如先是在汉景帝手下当官，偏偏这位皇帝不喜欢辞赋，估计受到一些冷落，所以找了个机会辞官不干回四川老家了。恰在辞官期间，受他做县令的朋友邀请到了临邛县，住在一个亭子里。

图：卓文君（《百美新咏图传》）

当时的临邛有几大富户，卓王孙就是其中之一，光家奴就有 800 人之多。他听说县令家来了贵客，还是从朝廷回来的，肯定见多识广，就想设宴结交。司马相如终因盛情难却去了卓家赴宴，并在席间受县令鼓动弹琴作乐。

卓王孙有个女儿叫卓文君，那时恰巧刚刚离婚。更为恰巧的是她也非常喜欢音乐，所以就凑过来了，隔着门缝偷看偷听。

也许是出于大文人的敏感，司马相如细心地发现了卓文君在场。而卓文君据说风韵十足，司马相如就动了心思。于是——

相如缪与令相重，而以琴心挑之。——《史记·司马相如列传》

他假装向县令表达尊重，在琴声中加入了动人心弦的情感，来打动卓文君。

司马相如本来已经是社会名人，卓文君早就仰慕他的文采，再加上来临邛的时候车马相随，仪表堂堂，所以也是一见倾心。于是在宴后，卓文君乘夜色逃出家门，跟司马相如私奔到了成都。

但一进门，文君就傻眼了。尽管在朝廷当过官，尽管文章写得那么好，但经济条件，司马迁写到这个地方专门创造出一个成语进行说明，"家徒四壁"！所以卓文君尽管找到了丰满的爱情，但接下来却不得不面对骨感的现实。日子一久，就不快乐了。于是她说：长卿，只要你跟我一起回临邛，向兄弟借贷也完全可以维持生活，何至于咱俩困苦到这个样子啊？

这样两口子把车马全部卖掉，回到了临邛开了一家酒馆。卓文君长得漂亮，当然负责形象工程，在前台接待客人，所谓"文君当垆"；而司马相如只有穿起犊鼻裈，与雇工们一起操作忙活，在闹市中洗涤酒具。

本来卓文君私奔已经把父亲卓王孙气晕了，早就发誓一个铜板都不给她！现在又听说两人开酒馆，司马相如还穿着犊鼻裈像下人一样干活，更觉脸面无光，因此闭门不出。后来，家人反复劝说，卓王孙无奈之下接受了现实，给了文君一大笔钱还有100个家奴。于是两口子又回到成都，买田地买房屋，过上了富足生活。

后来，司马相如得到了汉武帝的重用，再次回到了朝廷做官。

2. 穿一条短裤需要勇气

那么，司马相如穿的这个犊鼻裈到底是什么样子呢？关于犊鼻裈，历史上也有几种说法。

第一种说法：因为形状像牛鼻子，所以叫犊鼻裈。

犊鼻裈以三尺布为之，形如牛鼻，盖前后各一幅。——《蜀青日札》

按这个说法，犊鼻裈仿佛是一条兜裆布。

第二种说法：

姚令威曰，膝上二寸为犊鼻穴，言裈之长财至此，此说得之。——《秕言》

说是因为膝上二寸为犊鼻穴，这条裤子的长度恰到犊鼻穴这里，所以叫犊鼻裈。按这个说法，犊鼻裈又近似一条大裤衩。

图：穿三角犊鼻裈农夫（选自山东沂南汉画像石）

当然也有人说，犊鼻裈是从西戎传入中原的，不同时代长度和名称都不相同。所以上面两种犊鼻裈的说法都对。

司马相如是堂堂的朝廷官员，就算是暂时辞官，赋闲在家，仍有社会名望，并且他还是讲究文字美感的辞赋大师。能够穿犊鼻裈出场，说明内心非常强大。当然也说明在文景之治那段时间，黄老之学占上风，无为而治，当时的社会环境相对宽松，人活得还是比较自然的。

五、上官皇后是一座里程碑

男人穿上合裆裤，是因为打仗和劳动需要。而女人即便是劳动，动作幅度也不会太大，尤其是富贵家族的女人干活更少，所以只穿裙子不穿合裆裤也无大碍。但是在司马相如之后不久，有一位权倾朝野的大臣却成了女人穿合裆裤的推手。

1. 女人合裆的大背景

女人穿合裆裤，至少需要两种社会大背景作为支持。

第一个背景，社会意识。从舜帝、周公，到孔子，再到汉代董仲舒，儒家思想一直在发展。儒家对男女关系的态度，越来越严谨。到了汉武帝独尊儒术，相应的行为规范都要做调整，跟妇道相关的女性服装自然需要改变。所以，封裆成了社会文化的需要。

第二个背景，技术进步。女性由于生理和心理原因，更需要对隐私部位进行保护。但是之前由于技术水平低，卫生条件不足，所以为了身体舒适并少受细菌虱子的困扰，祖先们选择了开裆。但是经过了文景之治，丝绸业繁荣了，产品供应充足了，富足家庭也多了，这个时候用丝绸做合裆裤，就没那么困难了。

其实，不仅仅是中国，全世界都一样，穿合裆裤是文明进步的大趋势。于是在中国，就出现了一位大力推手。

2. 霍去病的弟弟似乎有病

汉朝历史上有一位军事家霍去病，鼎鼎大名。霍去病有个异母弟弟霍光，虽然不如哥哥那样有名，但后来掌握的实权却比哥哥更大。

霍光是由霍去病带到汉武帝面前的，后来成为汉朝重臣，历经汉武帝、汉昭帝、汉宣帝三代，并且也担任了跟霍去病同样的职务——大司马。

图：霍光像（明《三才图会》）

霍光有个外孙女上官氏，后来成了汉昭帝的皇后。

但是这位上官氏，六岁成为皇后，15岁守寡，17岁当上了皇太后，可谓命运多舛，所以也是个传奇人物。

上官氏在嫁给汉昭帝之后一直没有生育。霍光当然希望自己的外孙女能跟皇帝一起生个白胖小子，那样霍家的权势就会更有保障。但一直不见动静，心里就急了。那个时候霍光权倾朝野，没人敢惹他。所以他做事情难免简单粗暴。那么他是怎么做的呢？

为了不让皇帝跟其他妃子亲近，为了给自己的外孙女留更多机会，霍光干脆就让宫里的女人都穿上穷袴。这个穷袴，主要是在原来的开裆裤的基础上，加了封裆。

古人袴皆无裆，女人所用皆有裆者，其制起自汉昭帝时上官皇后，今男女皆服之矣。——《疑耀》

古代的袴都是没有裆的，女人穿有裆的裤子，是从汉昭帝上官皇后开始。宫里的女人封裆，民间也受到了影响。从那儿以后，封裆裤成为潮流，逐渐走进了老百姓的生活。

虽然霍光的做法很荒唐，并且最终也没有达到目的，但是这件事儿恰好发生在文化和物质条件都发展到位的时间节点上。所以相当于无意之间顺应了社会生活需要，一不小心推动了服装的进步。

到这里，无论男女都有了合裆裤。

图：穿袴褶的南北朝侍从陶俑（中国国家博物馆）

六、南北朝时期流行裤装

有汉朝打下的基础，再加上北方游牧民族入主中原，合裆裤就成为魏晋南北朝时期的流行装束。

1. 袴褶

袴褶本是胡服的一种，上服褶而下服袴，褶是一种短上衣。这种装束外面不需要再穿皮衣和围裙，方便骑乘，所以多用来做军服。袴褶在战国时期由北方游牧民族传入中原，逐渐被汉族所接受。近代学者王国维在《胡服考》中说了一段话，大意是，裤子外穿是由穿袴褶开始的。袴褶之起是因为需要骑马的缘故。所以赵武灵王发展骑兵，从道理上推测所采用的军服就是袴褶。

在赵武灵王之后袴褶运用逐渐广泛，到南北朝时已经成为流行的服装，男女皆用其制。

《太平御览》引《西河记》当中的一段话：

西河无蚕桑，妇女以外国异色锦为袴褶。

2. 大口裤

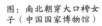

图：南北朝穿大口袴女子（中国国家博物馆）

汉代以前，袴褶多为北方游牧民族穿着，袴口较窄，被称为小口袴。但是后来被汉族采用以后，袴口开始变大，被称为大口袴。显然这与中原天气相对炎热有关，也与汉服的宽松传统有关。当然也在无意之间表达了开放、融合的姿态。这种大口袴，官贵、百姓、军人，都有穿着。

20 世纪 80 年代初，中国曾经流行过一段时间的喇叭裤。那个时候的年轻人烫一头卷发，拎一台录音机，再穿一条喇叭裤上街，虽然裤脚扫过路面会沾上很多泥土，但却是非常时髦的装扮。今天看来，喇叭裤与南北朝时期的大口裤相似度很高。

3. 缚袴

但是大口裤毕竟不便于行军打仗，于是就想到在膝盖处把裤腿缠起来。这种裤子始于三国时期，到晚唐以后逐渐消失。比如在《南史·沈庆之传》当中就有：

> 上开门召庆之，庆之戎服履袜缚袴入。

这句话说的是刘湛被收押的那天晚上，皇上开宫门召见沈庆之。当时他是禁卫军队长，因为命令来得紧急，所以来不及换下戎装，穿着袜子和缚袴就跑了进去。古代不允许大臣穿鞋上殿，所以只穿着袜子，这倒没什么奇怪。但是，半夜三更还穿着戎装缚袴而没有换上宽大的官服，说明他一直坚守在禁卫军队长的岗位上，还没有来得及回家换件官服进宫。

七、纨绔子弟现象

裤子在今天已经成为常用服装。关于裤子，还有一个特别常用的成语，"纨绔子弟"。其实这里的"绔"字最初就写作"袴"，后来才写成了绞丝旁的绔。纨绔这个词是在汉代出现的。

1. 纨之贵重

纨最早是由古齐国出产的。在《列子·周穆王》可以看到周穆王时代就有了齐纨。因为在西周的早期，姜子牙治理下的齐国丝绸业是整个华夏最发达的。后来到了齐桓公管仲时期纺织水平进一步提高，开始制作冰纨。

冰纨是纺织精细的丝绸，最突出的是色彩，鲜亮洁净，就像冰一样。感觉上应该接近翡翠当中的冰种，非常贵重。

唐代诗人张籍写过这样一句话：

> 齐纨未足时人贵，一曲菱歌敌万金。——唐 张籍《酬朱庆馀》

说的是一位姑娘划船采菱。她那清脆的歌声，要比时下名品齐纨更加难得，更加迷人。这句诗虽然主要赞美的是姑娘的歌声，但也说明了当年齐纨之名贵。

提到齐纨的诗还有很多。比如苏轼的《元祐三年端午节贴子词·皇帝阁》：

图：清闵贞《纨扇仕女图》

一扇清风洒面寒，应缘飞白在冰纨。

过去，常用冰纨做扇面，苏轼这两句诗，真把一扇清凉写活了。还有清代龚自珍的《意难忘》：

秋花分小影，秀句写冰纨。眉意浅，佩声残，有珍重千般。

这样的词句不用解释，就能体会到写在冰纨上的文字有多么动人。

2. 纨绔子弟

古代的袴穿在里面，外面有裳遮挡，所以往往用低档面料制作。但是到了汉代，情况有了变化。汉代的文景之治和丝绸之路，不仅富裕了国家，也富裕了很多人。这些富人消费丝绸不再是大问题，于是纨绔便应时而生。现在看到的"绔"字，就透露出了丝绸制品的信息。采用高级面料，穿在裳的里面，正可谓低调的奢华。

在《汉书·叙传》上曾经讲到一个人班伯，也是汉代名门望族老班家当中的一员，比班超班固都早。他这个人——

出与王、许子弟为群，在于绮襦纨绔之间，非其好也。

这也是"纨绔"一词第一次出现。讲的就是班伯经常跟王、许两位皇后家的子弟们一起玩耍，而这些子弟们穿的都是绮襦纨绔。于是后面就有了"纨绔子弟"这一说法。

3. 贾宝玉的麻烦

古人用来代称富家孩子的纨绔子弟一词，一般含有贬义。但是任何国家，任何时代都有富足之家，人人都想出生在这样的家庭。纨绔子弟当中虽然有高衙内、西门庆那样不务正业、仗势欺人、为非作歹的流氓，同样也有孙权、周瑜那样胸怀大志、气度不凡的社会精英。富足之家的孩子，因为家庭条件优越，身体底子好，受的教育好，进入社会以后在各个领域表现出色的人也很多。所以，不应该把纨绔子弟当中的贬义加到所有富足之家孩子们的头上。

其实，纨绔子弟跟其他社会群体一样，会有大善，也会有大恶，不过这些都是少数。这样的人影响虽大，但不常见。然而其中有一类，既很常见，又很麻烦，值得给予特别关注。那就是《红楼梦》当中的贾宝玉。

在红楼梦里有这样一首词中说道：

天下无能第一，古今不肖无双。寄言纨绔与膏粱，莫效此儿形状！

贾宝玉当然是一个纨绔子弟。尤其巧的是曹雪芹的先辈执掌江宁织造多年。江宁织造就是纺织丝绸的机构，所以曹雪芹太理解纨绔子弟的含义了。那么，他笔下的贾宝玉是个什么样的人呢？

第一，贾宝玉不是坏人。他没杀人，没放火，没贩卖毒品，也没拐卖儿童，所有够得上判刑的事情他几乎都没干过。并且还有很多时候表现得很善良，乐于帮助穷人、朋友。

第二，贾宝玉也不是小人。他不整人，不八卦，不占别人的便宜，不踩着别人头顶往上爬，也没有看不起出身贫寒的丫鬟们。反而是内心简单，做人干净，为人也重感情。

第三，贾宝玉也不是闷人。既可以讲故事逗林妹妹开心，也可以写诗或者给大观园里的院落命名，开心的时候也会喝喝酒，听听戏，打打牌。

第四，贾宝玉更不是庸人。他的言行里面透着对现实社会的批判，很有头脑，也很有个性。

总之，贾宝玉虽然不是学霸，但也成不了恶霸。但是这个形象看了却让人着急。着急什么呢？就是对他未来不放心。

在大观园里，优越的生活条件，姐姐妹妹把他当宝贝一样捧在手心，娇生惯养、随心所欲、不入俗流。这样的贾宝玉，假如突然之间把富足的家庭保障给他拿掉，把大家族对他的骄纵拿掉，会变成什么样子呢？

图：贾宝玉初会林黛玉
（清孙温绘）

当官、做学问、从军、经商，很难说他能干好哪一样，恐怕连养活自己都很困难。就仿佛现代一些家庭条件优越的孩子，生存能力不足，抗压心理也不强，并且还不愿融入到主流社会。这样的孩子作为艺术形象没有问题，但作为现实生活中的人就麻烦了。

显然，作为物质的纨绔本身没有过错，人类不断创造品质更精美的面料用于生活当然没错。但是一件本来没错的事情，却可能给社会带来新的困扰。正像经济水平上升的时候，也存在精神境界下滑的可能一样。如何解决这个问题，就需要我们深入思考了。

相信中国人会有自己的药方的。

第十五篇：足下生辉

中国古代的鞋袜，看似远远没有冠那么受重视，但是在《中国衣冠服饰大辞典》当中却能查出 500 多个鞋袜的名称。

除了有现代人熟悉的鞋、袜、靴、履、屐之外，还有诸如舄、屝、鞁、鞮、鞨、屦、不借、金莲、尘香、鸠头、毛窝、

错到底、老头乐、皮扎翁、软香皮等。如此丰富的发明创造，同样也在向后人昭示着中华民族厚重的历史和多彩的生活。

一、鞋在古代的地位

在历史文献当中，中国人的鞋最初是由黄帝的大臣于则制作的。于是到现在还有很多人认为他是中国鞋业的祖师爷。在《格致镜原》当中引用《事物纪原》中的一句话：

世本曰，于则作扉履。

所谓扉履，简单地说，扉是草鞋，而履是布鞋。

那么，在中国传统思维当中，鞋具有哪些文化属性呢？

1. 鞋性属阴

按照古代天人合一的观念以及易经八卦的思想，鞋的属性自然是偏阴的。首先鞋与冠相对，冠在头顶与天相应，鞋在脚下与地相接；其次冠为单数，在《周易》中属阳，而鞋为双数，双数属阴。两条加在一起，鞋就带上了浓重的阴气，这样就可以理解为什么古代会把鞋跟通灵的事情挂钩了。

需要注意的是在古人的眼里天地人为三才，人并不比脚下的大地身份高贵。相反，人法地，地法天，人要对天地心存敬畏。有人认为官吏一词起源于冠履，也是有一定道理的。

2. 鞋是礼仪

《格致镜原》引用《逸雅》当中的一句话：

履，礼也。饰足所以为礼也。

这个解释似乎在说一件事情，就是礼的读音是从谐音履借过来的。把自己的脚装饰起来其实也是出于对其他人的尊重，所以履被看成了礼貌的标志。这个礼节即使在今天也适用。比如在公众场合脱鞋露脚就是不文明行为。

但是这个礼的规定也要分具体场合。虽然穿鞋是礼，但是到别人家里拜访，尤其是觐见君王，就不能穿着鞋登堂入室了。

在《吕氏春秋》当中记载了一件事情，就是齐闵王生了重病，叫人到宋国找名医文挚来看病。那文挚匆匆赶到宫内，没有脱鞋就直接到床边询问病情。结果齐闵王

图：扉（明《三才图会》）

一气之下杀了文挚。不许客人或者大臣穿鞋上殿，除了卫生原因之外，还有安全问题。万一做出不利举动，穿着鞋逃跑更容易。所以穿鞋上殿又是无礼之举。

在现代人的眼里这些礼是自相矛盾的。但对古人而言什么场合需要穿鞋，什么情况下必须脱鞋，心里是很清楚的。

二、足下何以是敬称？

历史上有一个故事，讲到了"足下"一词的起源。

1. 晋文公的木屐

春秋时期，晋文公重耳在外逃亡十九年，介子推一直随行。有一次在

图：晋文公（绣像本《东周列国志》）

重耳饥饿难当之时，介子推从大腿上割下一块肉煮了，救了重耳的命。十九年后重耳回国当上了国君，而介子推却不肯接受俸禄，带着母亲到山中隐居。重耳多次派人寻找，甚至命令军队搜山也没有结果。这时他想到了一个馊主意，令人放火烧山，想逼出介子推。但事与愿违，介子推被烧，抱树而死。

重耳的心里当然非常难过。难过了怎么办呢？

文公拊木哀嗟，伐而制屐。每怀割股之功，俯视其屐曰："悲乎！足下。"——《庄子·异苑》

晋文公用手抚摸着树木，不停悲叹，后来就把这段木头伐下做成了木屐，穿在脚上。脚下的木屐声不断地提醒他介子推还在身边，所以他经常低头看着木屐说：足下，你可真让我悲伤啊。于是汉代的文学家东方朔认为"足下"一词就是从这里起源的。

当然，晋文公虽然穿木屐，但他并不是木屐的发明者。1986年10月，在宁波市慈湖遗址出土的众多文物中，发现了距今5500年的木屐，比晋文公所在的时代还早将近3000年。并且这次发现的木屐，已经注意到与脚的形状相匹配，是目前所见的最早区分了左右的鞋。

图：木屐（明《三才图会》）

2. 足下是敬称

晋文公怀念介子推的心情可以理解，但是他的举动却容易让现代人费解。既然是怀念已故功臣，并且还满心歉意，为什么还把介子推踩在脚下呢？如果这种时候还念念不忘君臣等级，还继续端着国君的架子，就显得面目可憎了。

其实这个问题可以首先从鞋的阴性进行解释。介子推抱木而死，这段木头与他的灵魂就有了关联。所以用它做成本属阴性的木屐并且经常穿着，就等于保持了与他灵魂的长期厮守。同时在天人合一的观念当中，人对大地是敬畏的，与大地相接的木屐的地位并不卑微。

至于"足下"一词，这里的解释是晋文公想表达的是自己只配看着介子推的脚尖说话。古代的确有一些词汇，比如殿下、陛下、阁下等，是从这个思路出发的。但如果"足下"这个词确实像东方朔所说是从晋文公这里开始的话，则原本含义很可能比看着脚尖的解释更为丰富。或许还包含有对大地的尊重，对灵魂的亲近，对手足之情的眷顾。

三、两位丢了鞋的国君

在晋文公看来，做成了鞋子每天都能穿在脚上，就可以不离不弃。但是凡事都要看具体的人和所处的情形。对于下面这两位而言，即便是已经穿在脚上的鞋同样可以弄丢。

1. 齐襄公丧屦

第一位就是齐襄公。

在公元前 686 年冬天，齐襄公到野外打猎。齐襄公的名字又叫诸儿，是齐桓公的哥哥。打猎的时候突然遇见一头巨大的野猪，旁边有人说这就是之前被齐襄公冤杀的公子彭生。

按理说面对冤杀的人齐襄公应该内心惭愧才对。但一听人说野猪是彭生变的，齐襄公反而大怒。他一边放箭一边怒骂：你还敢来见我！

这个时候，只见野猪像人一样站起来大声啼哭。于是——

公惧，队于车。伤足，丧屦。——《左传》

这一下齐襄公害怕了，从车上掉下来，把脚摔伤了，把鞋也弄丢了。

但是，事情到这儿还没有完。齐襄公后来派人去找鞋而没有找到，于是大发雷霆，把找鞋的人鞭打了一顿。

结果就在当晚，齐国发生宫廷政变。当叛乱一方杀进宫中，尽管护卫们拼死抵抗，尽管齐襄公也在帷幔后面躲藏起来，但最终还是没能逃脱。《左传》上说叛乱方看见了他光着的一只脚。而小说《东周列国志》做了一个演绎，说是看见了帷幔前的一只鞋。当掀开帷幔之后，发现他的脚上还穿着一只，

图：屦（明《三才图会》）

图：舄（明《三才图会》）

图：齐襄公出猎遇鬼（绣像本《东周列国志》）

所以帷幔前的其实是白天被野猪吓丢的那只。于是，齐襄公被杀了。

2. 楚昭王履决

还有一位是楚昭王。

春秋末期楚昭王率兵与吴军打仗。历史上吴楚之间发过多次战争。而这一时期兵圣孙武恰在吴国，所以战争的胜负不用说就知道，肯定是吴国打赢了，楚国大败。

所谓兵败如山倒。前方一败下阵来，任凭后面的指挥官怎样督战都无济于事。这种时候楚昭王无奈也得掉头逃跑。

可是逃跑的路上突然发现有一只鞋坏了，并且跑丢了。这种情况下，大部分人会继续逃跑。但是这位楚昭王却做了一件出人意料的事情——

楚军败，昭王走，而履决，失之，行三十步复旋取。

——《太平御览》引《贾谊书》

他居然再往回跑了三十步，捡回了那只坏鞋。在生死关头捡回一只无法再穿的坏鞋，既无助于奔跑又增加了负担，楚昭王的举动看起来很不明智。

当然这个做法不仅现代人看不懂，即使是他的同代人也不能理解。于是，当楚军退到隋国后，身边的侍从们就问：大王为什么如此舍不得这一只鞋子？

楚昭王说：楚国虽穷，但我也不至于吝惜一只鞋。我只是想把它带回楚国罢了。楚昭王的这一举动随后带动了楚国百姓不弃旧物的风尚。但其实，楚昭王在这里并没有说出真正的原因，现代人可能会把这一举动看成"不抛弃、不放弃"的美德，但是如果说他只是因为舍不得旧物，恐怕连鬼都不会相信。

3. 丢鞋是一件恐怖的事儿

前面两人所丢的鞋，一是屦，一是履。大致差别是，屦是编制的，材料可以是麻绳、草秆、皮条；而履则是缝制的，鞋面可以是麻布、丝绸或者兽皮。在履当中，最高级别的是舄。舄采用双层木底儿，丝绸鞋面，前端上翘以钩住裙子的前沿儿，防止踩住后摔倒，一般为帝王或高官所穿。

从这两件事情可以看出，过去的人对丢鞋很在意。为什么呢？其实这与古代人对鞋的迷信态度有关。这一点恰好与鞋属阴性相符合。

他们所处的时代，正是巫术比较盛行的时代。在巫术当中有一种把某人的东西，比如头发、指甲，或者用过的贴身器物用来进行诅咒的方式。所以丢鞋以后的恐惧是可想而知的。在迷信时代无论是谁都不可能真正清醒，所以常见的心态是宁愿信其有不可信其无。

齐襄公的故事直接被赋予了迷信色彩，在丢鞋的当晚就被杀掉；而楚昭王虽然把鞋捡了回来，但还是比较短命。

四、孔子也丢了鞋

在《太平御览》当中引用了《论语隐义注》当中的一段话。这段话讲的是孔子的一件事情。这件事情很小，但却牵扯到孔子身前身后很多事情。

孔子至蔡，解於客舍。入夜有取孔子一只屐去。

就是说孔子周游列国到了蔡国，在旅店投宿。也许孔子和弟子们都因劳累睡得太沉；也许他们住得比较分散没有人注意到老师那里发生了状况。总之早晨起来一看，发现丢了一只木屐。

这件事看起来很小，不过丢了一只鞋而已。这种鸡毛蒜皮的民事案件从古到今不知道发生过多少。但是这件事发生在孔子身上就有了特别意义，就值得研究一下背后的东西。

1. 孔子穿木屐的原因

孔子为什么会穿木屐，并没有人给出理由，也许就是随便一穿。但结合孔子这个特殊的人进行分析，就会发现他选穿木屐的确有些道理。

第一，孔子个子太高、体重太大。按物理定律，体重越大摩擦力越大，所以同样的鞋底在他脚下寿命就会短得多。因此穿一双足够耐磨的木屐是比较经济的选择。

第二，孔子喜欢《诗经》和音乐。所以在行走之时，就着木屐的节拍，心中也许会吟诵诗句或者响起音乐的节拍。

第三，孔子也有可能想通过穿木屐使行动降速，变得更加温文尔雅，这样更能显示出儒雅风度。

总之，木屐在孔子的内心，很可能有着多重意义。

2. 孔子丢鞋的原因

按照古代的生活习惯，应该是把木屐放在门外才被偷走的。那么，为什么只偷一只呢？

孔子的木屐与众不同。他的身高两米左右，木屐长过一尺四，普通人根本穿不了。所以偷一只这样的木屐回去，可谓疑点重重。

正是因为不合情理，才更有分析价值。

第一种可能：孔子在蔡国的时候并不得志。那时孔子名气虽然很大，但是陈、蔡两国的大夫们却很排斥。因为他们认为国君如果接受孔子的思想就会伤害自身利益。所以他们做出了警告，只偷一只鞋，让孔子知道有人对他不满，注意收敛自己的言行。

第二种可能：孔子当时已经闻名天下，所以可能有人意识到了他的东西将来会成为文物，因此具有巨大的收藏价值，所以就去偷来一只。也许这种猜测有些天真，但也不能完全排除。

3. 身后七百年的故事

以上两种分析，如果仅看孔子周游列国的经历，第一种可能性很大。但如果看孔子身后的故事，第二种可能性也有。在孔子去世大约七百年之后，据《晋书·五行志》记载晋朝的武库曾经失火。尽管组织了有力的抢救，严密把守，但历代王朝所收藏的"异宝"，如王莽的头颅，孔子穿过的屐，还有汉高祖斩白蛇的剑，还是被"一时荡尽"，也就是都不见了。弄不清是被火烧掉了，还是被人趁乱偷走了。由此可知在孔子去世之后，他的木屐确实被当作"异宝"珍藏过。只是这里的木屐是否就是当年丢失的那只，史料里没做交代。或许写小说可以这样编排。

4. 丢鞋对孔子的影响

同是丢鞋，孔子受到了什么影响呢？

孔子丢鞋是在蔡国。按《史记》所载，孔子离开蔡国之后还活了十年。年逾古稀，寿终正寝，从这个基本事实上看，他没受丢鞋的影响。

那么孔子为什么不受影响呢？这应该与孔子对鬼神的态度有关。孔子曾经表示对鬼神敬而远之，并且也不谈论怪力乱神。虽然孔子不可能是彻头彻尾的无神论者，但远没有其他人那样迷信。对于自己解释不清的事情，保持了冷静的态度。

虽然迷信确实能产生心理暗示效应，但内心强大的孔子，是影响众人的圣人。如果说暗示，也只有他暗示别人的份儿，怎么会被丢鞋这种小事儿所影响呢？

五、谢安和谢灵运

孔子的木屐在他身后 700 年失火的时候再次弄丢，但有趣的是穿木屐也恰恰是那个时代的时尚。到了魏晋南北朝时期，木屐越来越流行，成了文人雅士的标配之一。似乎没有一双木屐，就很难跨进上流社会的门槛。

1. 谢安与折齿屐

在东晋时期有一场以少胜多的著名战役——淝水之战。东晋以八万兵力战胜了前秦八十七万军队。而指挥东晋部队打赢这场战役的人，出自当时一个大家族。刘禹锡在《乌衣巷》这首诗中所说"旧时王谢堂前燕"中的谢，就是指这个家族。其代表人物就是谢安。

谢安当时的职位是征讨大都督，相当于前敌总指挥。他派了自家的几位晚辈率兵八万前去抗敌。而在即将开战之际，他似乎没有进入状态。还经常游览风景，下棋取乐。他的侄子谢玄作为前方将领都快急疯了。

当晋军取胜的捷报送到时，谢安正在跟客人下棋。看完捷报便放在座位旁，不动声色地继续落子。客人憋不住了，就问动静如何。而谢安却轻描淡写地说：没什么，孩子们已经把敌人打败了。估计那些人不敢在总指挥家里欢呼雀跃，只能继续陪着谢安下棋，都憋着。

既罢，还内，过户限，心喜甚，不觉屐齿之折，其矫情镇物如此。

——《晋书·卷七十九》

直到下完棋客人告辞以后，谢安才抑制不住心头的喜悦，手舞足蹈地回房间。过门槛的时候，把屐齿都碰断了还不知道，可见这个人控制情绪、镇定局面到了多高的境界！

不得不说，他在那种情况下所表现出的泰然自若、从容不迫、举重若轻的儒雅风度，实在令人敬佩。一双木屐被他穿出了千年的潇洒！

像石安謝

象運靈謝

图: 谢安像, 谢灵运像 (明
《 三才图会 》)

2. 谢灵运与谢公屐

不过这事情到这里并没完。淝水之战中在前方作战的谢玄，后来生
了个孙子谢灵运，而谢灵运对木屐又进行了一次创新。李白在诗中写过"脚
著谢公屐，身登青云梯"，其中的谢公屐就是谢灵运发明的。

谢灵运身为名门之后，有钱有势有名望，同时也很有个性。比如谢
灵运特别喜欢开山挖湖，并且没完没了。

**寻山陟岭，必造幽峻，岩嶂千重，莫不备尽。登蹑常著木屐，上山
则去前齿，下山去其后齿。——《宋书·谢灵运传》**

这段话说的是谢灵运喜欢探险，翻山越岭，总是到那些最幽深最险
峻的地方去，无论多险的地方都能游尽。为什么会这么厉害呢？因为他
有一件神器，就是一种特制的木屐。这种木屐上的前后两齿可以拆卸，
上山时拆掉前齿，下山时则拆掉后齿。正是因为能游览到别人去不了的
地方，所以他在山水诗方面成就很大。

但是谢灵运做事太过高调，经常惊动官府。尽管赢得了很多人崇拜，
但也难免得罪权贵。最后因为跟朝廷作对，在 49 岁时被治了死罪。

一双木屐不同的人穿，会穿出不同的风格。重耳穿的是怀念，孔子
穿的是儒雅，谢玄穿的是潇洒，谢灵运穿的则是张扬。而孔子的思想和
修炼与穿木屐行走的慢节奏，则感觉上更搭。

六、鲁风鞋和遵王履

孔子因为在历史上的特殊地位，不光穿过的木屐会受到关注，他穿

过的其他类型的鞋也会影响后人，甚至成为一种时尚。

在唐朝中期的时候，就出现了这么一件事情。

唐宣宗性儒雅，令有司仿孔子履制进，名鲁风鞋。宰相、诸王仿之，而微杀其式，别呼遵王履。——宋陶毂《清异录》

唐宣宗李忱，性情很儒雅，外号老儒。他指派下属官吏专门为他仿照孔子的鞋制作了一种"鲁风鞋"。并且由于皇帝带动，文武百官也纷纷响应。他们把款式改得略为低调保守一些，并起了另外一个名字"遵王履"。

1. 唐宣宗的儒家之爱

唐宣宗仿孔子履做鲁风鞋显然是因为信奉儒家。

在他小的时候，沉默寡言，很内向。很多人觉得他先天愚钝，所以对他不太礼貌。尤其是前任皇帝唐武宗，按辈份是他的侄子，但是性格粗放，对他这个叔叔很不尊重。可想而知，长期忍受别人的蔑视和嘲笑，内心当然会有一种对礼的向往。可见他本身就有亲近儒家的要求。

在唐朝虽然多种思想并存，但是不同时期也会呈现出摇摆性。比如武则天信佛家，而唐玄宗信道家。并且在唐宣宗之前，唐武宗做了一件大事儿——灭佛。所以到唐宣宗接任的时候，儒道两家是主流。

由于安史之乱对政治经济造成了巨大破坏，所以对后来的皇帝而言，强化朝廷的统治就成了最迫切的需要。那个时候唐宣宗酷爱读《贞观政要》，读着读着，他发现魏征对唐太宗影响巨大，所以内心非常向往，而魏征主要倡导的是儒家。这么多因素叠加在一起，唐宣宗信奉儒家就成了自然而然的事情。

那么儒家思想对唐宣宗影响有多大呢？例子很多，仅举一个。

唐宣宗的长女万寿公主嫁人，按常规要用银箔饰车，但从唐宣宗开始，改为铜饰。公主出嫁时宣宗亲自告诫她，到夫家要严守妇道，不可因自己是公主而轻视丈夫的家族。有这么一回，驸马的弟弟得了重病，唐宣宗让人前去探望，回来后询问公主在

图：唐宣宗像（明《三才图会》）

像　宗　宣　唐

没在场。那人也是实话实说，信息量给大了一点，说公主正在慈恩寺看戏呢。于是唐宣宗大怒，说：朕有时怪士大夫们不愿娶公主为妻，至今才知道是什么状况。

于是唐宣宗让人把公主叫过来，当面骂了她一顿：你小叔子生病，你不看病人反去看戏，成何体统！直把公主吓得连忙请罪，表示洗心革面绝不再犯。

2. 重视行动的选择

唐玄宗喜欢儒家，同时也选择了用服装来做文章。但是他与别人不同的是选择了穿在脚下的鞋。他之所以这样做，其中可能有如下两个原因。

第一，在古代，尤其是皇帝服装，在冠冕、衣裳之上下的功夫大，在鞋上下的功夫比较小。所以冠冕和衣裳早就有很多祖制，唐宣宗改变起来会遇到很多麻烦，费很多口舌。而鞋不是焦点，所以改起来更容易，空间也大。

第二，唐宣宗这个人，特别敏感又特别务实。他在位期间，加强皇权、整肃吏治、严明法度、减轻税赋、平定周边，同时他重视人才、从善如流、重惜官赏，恭谨节俭，惠爱民物。在他的治理之下，唐朝又出现了一次盛世，按年号被誉为"大中之治"，甚至后人称他为"小太宗"。一位敏感务实的皇帝，选择从方便行走的鞋来扩大儒家影响，而不是彰显地位的冠冕，是可以说通的。

3. 模仿中的用心

但既然模仿的是孔子的鞋，为什么不直接叫孔子履、孔家鞋这样的名字呢？其实这里面含有一种对孔子崇敬之意。因为孔子是圣人，圣人穿过的东西应该像晋朝那样，作为异宝供奉珍藏。谁敢直接把老人家的鞋穿在脚上啊？即使跟孔子履一个样子，也应该有所避讳，不能直接用孔子鞋来命名，所以改叫鲁风鞋。当然唐宣宗的做法，也等于为大臣们立了个规矩。同样，他们的鞋也不可以跟皇帝同款同名。所以大臣们"微杀其式"，就是做了小小的改变，体现低调，好让人看上去更加温良恭俭让。

所以，唐宣宗让人做鲁风鞋，的确不只是换个款式那么简单。这双鞋体现了他对儒家的态度，具有强化政治秩序，影响社会风气的作用。

可以说是一种神形兼备的追求和示范。

七、千里之行始于足下

其实在古代，冠在上履在下，所以冠履还是有尊卑之分的。而当今社会，帽子逐渐退化，鞋却日益强化。这种变化所透射出的历史原因和心理变化，实在耐人寻味。

1. 政治需要的淡化

在古代，没有电视也没有网络，即便是帝王，最多是靠画像来让大众识别。但是古代帝王画像，面孔大多相似，所以印象最深的往往是衣服帽子。也就是说帝王走到民间，单靠面孔很难辨认，所以需要借助帽饰和衣裳来体现身份。帽子戴在头顶，所以作用最大。

但是现代人不同，电视和网络能让一张本来陌生的面孔瞬间被公众熟知，所以衣帽作为身份标识的功能已经明显削弱了。并且在封建帝制结束之后，执政理念开始由管制民众变成服务民众。因此戴在头顶彰显地位的冠已不再重要。

2. 活出自己的滋味

民间有一句话"鞋合不合脚自己知道"，这说明鞋与自身感觉的关联更大。只有把鞋弄舒服，行动才会矫健。

帽子在古代主要是戴给别人看的，让别人认识、记住、欣赏、尊重；而鞋却一直都是穿给自己的，让自己舒适地行走、矫健地奔跑。所以现代人对鞋的态度相比祖先而言，更见务实精神。帽子和鞋在人体的两端，帽与脑相连，鞋与脚相接。一个视觉，一个触觉；一个思考，一个行走；一个空灵，一个踏实。

图: 东坡先生笠屐图（《施注苏诗》插图）

所以现代人如果不是气候原因或工作需要，普遍不戴帽子，而相反在一双鞋上的花销常常可能超过一身衣裳。

可见世界真的变了。

第十六篇：奇装异服

从古至今，全世界都存在奇装异服现象。其形成的原因可能各有差别。但总体上说是人对自由的追求和社会对秩序的要求之间发生了冲突。然而不同的国度对奇装异服的态度，却有各自的判断标准和宽容尺度。在这一点上，中国古代当然也有很多自己的故事。

一、礼崩乐坏之后

目前所记载的奇装异服现象，几乎都是在东周以后发生的。

周王朝因为有《周礼》规范国家体制和个体行为，曾经出现了三四百年左右的稳定期。在那个时代《周礼》确实是先进的。但是《周礼》所倡导的格式化生活，自然会造成对人性的束缚和对社会发展的阻碍。于是在各种力量的对撞消长中上演了一场"礼崩乐坏"的大戏。春秋开始了！一连串的人物以挑战的姿态出场了。

1. 第一梯队

东周时期直接僭越的是地处南方的楚国。公元前704年，楚国国君熊通自称武王，在名义上与周天子平起平坐。这种姿态当然会招致一片骂声。但也由此让所有人明白了一个事实，周王室已经没有能力齐家治国平天下了。

一旦有了示范，人们就会相机而动。于是诸侯争霸的风潮来袭，天下大事开始变成由最有势力的霸主调停主导。既然王室成了摆设，《周礼》的规范也就可守可不守了。这时齐桓公毫无顾忌地穿上了紫服，以间色引领时尚，周王朝尊贵的红色也就威风不再了。

当政治体制和文化形态都开始瓦解，哲人们就找到了思考的命题。老子在这时提出了"被褐而怀玉"，完全不同于《周礼》倡导的堂皇、尊贵、繁复，本质上就是一种颠覆。可能因为他是圣人，后世并没把他列入奇装异服倡导者行列。但身为王室官员如果真的这样打扮，也的确是在打周公的脸。

那一时期，郑公子子臧头戴鹬冠，齐灵公的宫女女扮男装，齐景公身穿奇装异服，甚至孔门弟子子路年轻的时候也戴雄鸡冠，这些都是礼崩乐坏的表象。

在《礼记·王制》当中有一句话：

作奇服者，杀！

可见，当时奇装异服已屡有发生，并且令当权者深恶痛绝。

图：楚武王像

2. 第二梯队

春秋时期的《周礼》已经开始崩溃，到了战国时期便进入了残局。首先墨子对儒家进行了针对性的批判。服装的政治意义和审美价值，都遭到了否定。但是之前的老子，此时的墨子，以及后来的韩非子等，还只是想让服装回归到御寒遮体的基本功能。而他们之后的屈原，却以"香草美人"般的唯美倡导出现，把周公、老子、孔子、墨子一起否定了。他毫无畏惧地把自己的穿着宣称为"奇服"。

也许只是为了自我欣赏，或者只是为了借以表达内心的高洁，总之屈原并没有专门论述和推行美服理论。但有趣的是荀子谈到的一种社会现象，却恰好出现在屈原之后。

荀子在《荀子·非相》篇当中提道：

今世俗之乱君，乡曲之儇子，莫不美丽姚冶，奇衣妇饰，血气态度拟于女子。

这里的儇子指的是轻薄巧慧的男子。可见当时确有很多男子有一种追求细腻柔弱的唯美倾向。荀子在世时间比屈原略晚，并且也不在一国，所以这句话是否针对屈原，现在已经无法知晓了。

但是在战国的残局当中，儒家虽然岌岌可危，却奇迹般地活了下来，并且在后世释放出巨大的能量，几乎全面收复了失地。孔子倡导的"文质彬彬"直到今天还是主流观念。

二、奇装异服的类型

奇装异服的关键在于奇异二字。所谓奇，就是没见过的；所谓异，就是跟大多数人不同。但是中国古人的看法却更为犀利，把奇装异服定义成了政治和天道的叛逆者。

1. 违背了制度和规定

首先古代服装等级森严，上级可以向下兼容，但下级不能穿上级的服装，否则就是僭越。而这种等级表现在款式、色彩、材质、花纹、数量、工艺等各个方面。并且除等级之外，还有其他有关的场合、职业、时辰等复杂规定。如有违背，则视为奇服，按《礼记·王制》的说法，都应该杀头。

2. 男女错乱的服装

阴阳观念在伏羲八卦中就得到体现，是中国人心目中最深刻的理论，所以凡事都会按阴阳进行分析。比如男为阳，女为阴，是最典型、最概括、最本质的描述。所以男人像男人，女人像女人，这样是阴阳对位的状态。因而女扮男装或者男扮女装，除了在特定朝代受特殊观念的保护之外，都会被视为阴阳颠倒、失调，都会被当作奇装异服看待。

本来阴阳理论当中也有四象，即老阴、老阳、少阴、少阳。老阴老阳则是特征明显的阴阳，而少阴则是阴当中杂有少量的阳，相反少阳则是阳中杂有部分阴。按此说法，世界上除了有特征明显的典型男女，也会有身为男女但性情心理却不够典型的情况。

但是在中国无论古今对这种情况的态度普遍是否定的。虽然不是杀头的罪过，但也不是普遍为人接受的。

3. 引发灾难的服装

在汉代文献《洪范五行志》当中，对奇装异服做了论断。五行与阴阳一样，也是中华传统文化的重要部分，并同样具有解释一切的功能。在五行当中，木是大地的外观，所以就与人的服装对应。《洪范五行志》当中说：

貌之不恭，是为不肃，厥咎狂，厥
罚常雨，厥极恶，时则有服妖……

孙寿

就是说帝王如果态度不恭敬，外表
不端庄，就犯了狂妄的罪过，将会受到
大雨连绵的惩罚，后果会很严重。这种
情况下社会上就会有奇装异服等问题出
现。于是奇装异服在古代有了一个另外
的名称——服妖。

当然服妖作怪也有多种方式。违反
礼制或男女错乱都容易识别。但那些引
发了灾难之后才能发现，甚至一直都发
现不了的服妖，就真的让人心有余悸了。

三、东汉孙寿的妖态

图：孙寿像（《百美新咏图传》）

借助五行解释服妖显然不够科学，
很多服妖现象不用五行也能解释。比如帝王的服装对民众肯定有引领和
暗示作用，这种社会心理的作用任何国家或时代都无法回避。

但是，当解释世界的理论过于玄妙，人们眼中的世界也会变得神秘
莫测。东汉孙寿的穿着打扮也就变得妖雾重重了。

1. 跋扈将军梁冀

东汉的第二位皇帝汉明帝恢复了周朝的冕服制度，终于把对儒家的推崇
重新落实到了衣冠之上。但是历史总是循环上演，接下来又同春秋战国一样，
出现了新一轮的礼崩乐坏。其中，梁冀和孙寿的故事则比较典型。

在东汉中期有一位权臣梁冀，出身世家大族，为大将军梁商之子，
其妹为汉顺帝皇后。梁冀的相貌可谓丑陋，说话含糊不清，学问也只够
抄写记账。在此人担任要职期间，凶恶残暴，杀了很多人。

当时的汉质帝本来是由梁冀拥立当上皇帝的。但是面对他的骄横，
也忍不住说了他一句：

此跋扈将军也。——《后汉书·梁统列传》

换作别人听到皇帝如此评价，至少会收敛一段时间。但是梁冀哪里

能忍得下这口气？索性让人把汉质帝毒死了。

试想在独尊儒术重建冕服制度的汉代，对待皇帝想立就立想杀就杀，这个人的胆子大到了何种地步？儒术和冕服又发挥了多大作用？

虽然后来汉桓帝依靠宦官剪除了梁冀家族，但他这些大逆不道的行为对国家造成的伤害也是惨痛的。东汉由外戚摄政转为宦官当权，下坡路也就越走越快了。

2. 媚惑娇妻孙寿

但是一物降一物。跋扈将军也有惧怕的对象，就是他的夫人孙寿。

按照历史记载，孙寿容貌出众。但是仅仅容貌出众还不足以拿捏得了梁冀，孙寿还有一种媚惑的能力，让她与众不同。

在《后汉书·梁统列传》当中记载：

寿色美而善为妖态，作愁眉，啼妆，堕马髻，折腰步，龋齿笑，以为媚惑。

所谓愁眉，就是将眉毛画得细而曲折，似因愁苦而皱；啼妆，在眼下部位画成哭过的样子；堕马髻，把发髻偏在一边，好像刚从马上掉下来，懒散、放荡；折腰步，走路时如风摆柳，将腰肢扭成快折断的样子；龋齿笑，笑起来好像牙痛，只能浅笑，不能纵声。

孙寿的这种打扮看似怪异，但却在京城洛阳成为时尚，女子们纷纷效仿。

这件事情仿佛就是为了印证服妖的理论。有人后来解释说这是上天发出了梁家将被收捕的警示，所以女人才有愁苦之状。最后汉桓帝准备拘杀梁冀，夫妻俩觉得大势已去，在家里双双自尽。

其实，不需要服妖也能解释。当服装被再次格式化并且格式了很久之后，民众自然有一种求变的心理；当梁冀的飞扬跋扈令人心惊肉跳的时候，民众自然有一种愁苦的心情。其所谓服妖，不过就是心理和心情碰到了一起而已。

四、传说中的魏晋风度

虽然说奇装异服每个朝代都有，但整个时代都引为典型特征的，则当数魏晋。

1. 曹家细腻三代人

魏晋是从曹操家族开始的，所以他们的装束也算是魏晋风度的开篇。

在《曹瞒传》当中曹操是这样一种形象：

披服轻绡，身自佩小囊，以盛手巾细物。

曹操身披轻纱，带着个小包，里面装着手帕和细软。很难想象乱世奸雄曹操居然还有如此细腻的一面。

有了这样的父亲，接下来又有了这样的儿子。在《三国志·魏略》当中这样描写曹植：

时天暑热，植因呼常从取水自澡讫，傅粉。

就是说曹植为了接待客人，令侍从取水过来洗了澡，然后呢？敷粉。于是粉面出镜。

有了这样的儿子，接下来又有了这样的孙子。在《晋书·志第十七》中：

魏明帝著绣帽，披缥纨半袖，常以见直臣杨阜，谏曰："此礼何法服邪！"帝默然。

曹操的孙子魏明帝曹睿，戴着织绣的帽子，披着淡青色薄绸半臂，以这样的装束接见大臣杨阜。而杨阜嘴直，就当面提了意见：这是依照什么礼法的服装呀？魏明帝默然无语。

图：曹植（晋顾恺之《洛神赋图》）

图：清陈洪绶《竹林七贤图》

2. 粗服乱头的竹林七贤

除了皇族之外，文人雅士当然也是引领潮流的力量。

"竹林七贤"是一群特立独行的人物。西晋时期的嵇康、阮籍、山涛等七位名士，醉心于玄理之学，经常在竹林中喝酒畅谈，所以被世人称作"竹林七贤"。这群人似乎不屑于参与政治，他们的服装也表现出不合主流的怪异。

那么"竹林七贤"到底是个什么样子？看一看这些画面。

画中的人物衣衫宽大，姿态各异。有的站立、有的独坐，也有的半躺在石台之上；有的头顶草笠，有的头簪鲜花，也有的披头散发；有的穿屐，有的赤足，有的翘着二郎腿；有的袒胸，有的半裸臂膀。这种"粗服乱头"即使现代也很难被普遍接受，在当时更是惊世骇俗。

然而不管遭到多少人的唾骂，他们依然如此逍遥，全然不把正统思想宣扬的礼俗放在眼里。

3. 坦腹东床的书圣

其实这种放荡不羁的姿态，不仅仅是竹林七贤才有，就连书圣王羲之也有一段相关的故事。

当时的太尉郗鉴让自己的门生向丞相王导求一个女婿。王导也是晋朝的重臣，刘禹锡著名诗句"旧时王谢堂前燕"当中的王说的就是他家。王导听说太尉想找自家子弟做女婿当然很高兴，就让郗鉴的门生看了个遍。门生回来对郗鉴说：王家子弟都很优秀，但是听说我去看他们都故作姿态，以示不凡，不太自然。只有一个人半躺在东床之上，袒露着肚皮只顾自己吃东西，旁若无人，仿佛没有听说我要去的消息。郗鉴说：这个人就是我最理想的女婿啊。于是就把女儿嫁给了"坦腹东床"的王羲之。

五、魏晋风度从哪里来？

有人说魏晋人物是垮掉的一代，也有人说他们是思想解放的先锋。但不论何种看法，在形容到这些人的时候，往往都用一个词——魏晋风度。而魏晋风度的背后是什么呢？

1. 典型的混乱时期

首先，魏晋时期是历史上一个典型的混乱时期。魏取代汉，晋取代魏。八王之乱，五胡乱华，风云人物往往在顷刻之间灰飞烟灭。这个时代，作为个体的人安全感极低。可以说无论什么都只是短暂的存在，都没有长久的意义。既然不能做长久打算，眼前的舒适就变得尤为重要。所以人们不想再受礼制约束去穿衣戴帽，于是穿着就变得随心所欲了。这是一个大背景。

2. 返璞归真的思考者

但是，混乱局面之下，为了摆脱生命的苦难，一定会有人做超越现实的思考，玄学便应运而生。因此魏晋名士更加崇尚清谈，追求玄学境界。外在的讲究会让人看不到纯真的境，所以越是不修边幅，越能彰显内在的深刻。返璞才能归真。春秋的老子，魏晋的竹林七贤，在这一点上是相通的。

3. 人体美的迸发期

但玄学境界毕竟凭虚凌空，所以有人把目光投向了最为本真自然的人体之美，并以病志的方式渲泄着压抑已久的热情。

人类对自身美的关注是一种本能。但是此前受儒道两家思想影响，人本身要让位于天地并受礼教

图：鸠摩罗多尊者像（明《三才图会》）

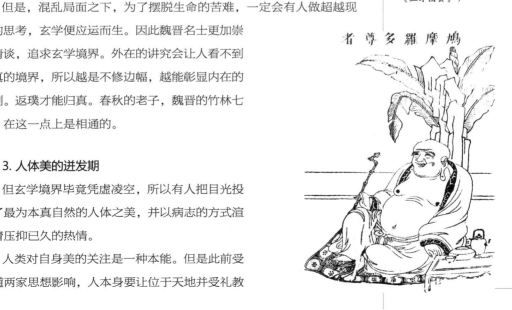

约束。到了三国时期，人们对自身美的追求逐渐得到放大，进入魏晋就到了热情迸发的时代。出于自爱或最本真的两性吸引，妆容服饰受到了极大的重视，可谓盛况空前，达到后人无法理解的程度。

并且从东汉开始，佛教进入中国，提倡万事皆空和众生平等，坦荡宽容地面对大千世界。佛教起源地较热，穿着也相对裸露。比如和尚披袈裟时露一肩一臂，女性则露肚脐露腰腿。佛教并不关注人体之美，在佛的眼里美色都被忽略不计，所以也不刻意做出遮羞之态。这样一来，众生关注的人体美就有了宽松的思想环境和现实的示范。

于是涂脂抹粉，服装华美，同时很多男人服用五石散，把自己变得细皮嫩肉，皮肤吹弹可破。很多人的妆容服饰，堪称一个"媚"字。

有了这样的魏晋，才有后面的大唐。唐朝吸收、创新、矫正并行，最后以千姿百态，把世人对"奇异"的惊恐消化了。其实，如果按照汉代或者宋代的礼制，唐朝服装更应该饱受诟病。但是，恰恰唐朝的史料对"服妖"事件的记载很少，也许是因为有了一种见惯不惊的豁达吧。

六、服妖，还是服妖

但是宋朝及以后，服妖又成了频发的现象。也许是出于迷信，也许是不愿意或不便于揭露真相，总之在出现问题的时候，服妖就成了一种说辞。这方面的事情也有很多。

1. 一年景

南宋爱国名将岳飞在《满江红》中说："靖康耻，犹未雪，臣子恨，何时灭！"这件事儿在文人的心目当中就跟服妖有关。

靖康之耻是中国历史上一个著名事件，发生在宋钦宗靖康年间，因而得名。

靖康年间金军攻破当时的首都东京汴梁，俘虏了宋徽宗、宋钦宗父子及大量赵氏皇族、后宫妃嫔、大臣、艺人、工匠以及大批百姓，押解北上。被金人掳去的还有大量国宝，北宋王朝府库被洗劫一空。金兵所到之处，生灵涂炭。如此惨烈的灾难，给宋人心头留下了难以治愈的伤痛。

而这件事情就被大文学家陆游跟服装潮流联系在了一起。他在《老学庵笔记》当中说到，在靖康初年，京城里的女人流行穿一种服装，首

图：岳飞像（明《三才图会》）

饰和花纹体现四季，桃花、荷花、菊花、梅花等各色生香。因为首饰花纹构成了一年的风景，所以取名为"一年景"。

但是这样的设计在陆游看来是有问题的。他说：

而靖康纪元，果止一年。盖服妖也。——《老学庵笔记》

他的意思是说：这样的"一年景"服装是不祥之兆，有服妖作怪。所以靖康这个年号只用了一年。

其实两宋之际，金人大规模南下，世风突变，朝廷惶惶不可终日。这样的时期，老百姓的心态也很难安稳，所以很容易形成时不我待、尽快享受的心理。从朝廷的角度出发，不断指责"服妖"是个好办法。进一步可以借机整顿社会风气；退一步可以作为借口、推卸责任。

2. 乞丐装

金庸先生的武侠小说里常常写到丐帮。那里面洪七公，黄蓉都是大侠，所以有很多崇拜者。但是在现实当中真的打扮成丐帮污衣派，怕是没有几个人真正愿意。然而在清朝，官贵子弟却流行过丐帮的打扮。

近代文人李孟符在京城亲眼见识了一个少年行乞。

这位少年面色黧黑，黧黑就是黑里透黄；袒褐赤足，就是敞开上衣，赤着脚；下身仅着一条犊鼻裤，就是司马相如穿过的那种大裤衩，长度还不到膝盖，又脏又黑，破破烂烂，几乎无法遮羞；看这少年的装扮应该是位真正的乞丐。但奇怪的是他身边却有好多随从，而且其中竟然还

图：赵丹饰演的乞丐武训

图：清末街头的乞丐

有戴三品冠帽的人。李孟符老先生当然也很好奇，就一直在旁边留心观察。

后来少年玩够之后洗了一把脸，又露出"白如冠玉"的本色。一打听才知道是某王府的贝勒。后来李孟符了解到这种假扮乞丐的装束已经在京城官贵子弟中广为流行。再后来经历庚子之乱，老先生突然想起这件事，一下子弄明白了，原来这种"服妖"是神州陆沉之兆。

当然李孟符说的没错，丐帮打扮确实是清王朝将要覆灭的预兆，只是跟妖魔鬼怪没有关系。其实任何时尚的流行，都有背后的社会心理支持。真正清醒的人会在分析现象的成因，判断利弊之后做出调整，而不是从迷信的角度进行解释，并生硬地禁止。这件事情一看就知道，王公贵族们养尊处优、锦衣玉食的日子实在是过腻歪了。也就是说老百姓把他们伺候得太舒服了。一群舒服得快受不了的人，还能指望他们搞经济建设？保卫国家安全？而且王公贵族们太舒服，必然会以老百姓太难受为代价。当百姓在经济上饱受盘剥之苦，精神上也没有任何地位，这样的朝廷不被推翻，那才是有妖精做怪呢。

七、往前一步是时尚

奇装异服的出现，往往首先遭到诟病。但是不可否认的是，很多服装时尚，也是从奇装异服开始的。

1. 传统有道理

现代人比古人理性、包容，同时更为追求自己喜欢的生活。所以奇装异服已经不再被比做可怕的服妖了。并且每一年在国际 T 台上，设计大师们都会设计出千奇百怪，无法日常穿着的服装，作为必要的探索。其中必有一些款式、元素、概念会在未来流行。

但是，如果因为今天理性、包容，就指责祖先压制人性也是武断的。因为古代确实也有那个时代的现实问题。

第一，古代没有报纸、电视和网络，官员长什么样子，老百姓是不知道的。所以就需要通过一些外在的标志来说明身份和级别。有多少护卫，挂什么旗，坐什么车，穿什么衣服，都是官员和级别的标志。名正才能言顺，政令畅通才有社会和谐。当然古代帝王中有人借口政治需要来追求个人享乐，是需要批判的。

第二，古代战争频发，服装与民族凝聚力相关联。当外敌侵入，穿汉服的人自然会聚集在一起，团结对敌。如果混穿，且不论穿谁的服装就会喜欢谁的文化那么高端的问题，就连眼前的敌我都分不清楚，怎么办？

第三，古人衣着宽大，如男扮女装，可能看不出性别。古代的确发生过男扮女装，以教良家女子针线活为幌子进而性侵的案件。再如《旧唐书·李密传》记载过，效忠李密反叛李渊的王伯当带领数十人，穿着女性服装，藏刀裙下，诈称是军士的妻妾。混入城门后突然下手，占领了县城。不管李渊和李密谁更正义，仅从社会治安角度考虑，就是需要防范的。

祖先在那个年代，需要解决他们面对的问题。传统之所以形成，就是因为曾经帮助过祖先的生活。

2. 时尚看人心

但是中国不能停留在古代。现代人当然要比古代过得更好才对。

在服装领域，与传统相对的是时尚。传统和时尚是服装发展的两大命题。传统的开端是时尚，时尚渐渐转变为传统，于是人们又开始寻找新的时尚。而新时尚之初，往往会被诟病为奇装异服。

明代莲花大师所著的《竹窗随笔》当中谈到了"时尚"一词，与现代的意义基本相通。

今一衣一帽、一器一物、一字一语，种种所作所为，凡唱自一人，群起而随之，谓之时尚。

这就是说，时尚在形成之初，往往是一个人的事情。但是这个人不小心做对了，碰触到了众人心中的敏感神经，唤醒了普遍存在的深层渴望，于是纷纷响应，成为潮流。

比如：

赵武灵王胡服骑射，改变了中国军服。在推行之前也曾遭遇遇强烈反对，但是后来却被多国效仿，引发了其他诸侯国的军服改革。中国军队的战斗力才没有被一套服装所拖累。

袁绍戴缣巾，因为不符合官服制度而遭人非议。但没有他这一举动，怎么会有后来的羽扇纶巾呢？中国历史不知道会少多少精彩的故事和精彩的人。

一种奇装异服刚刚出现，的确看不清楚将来会演变成什么。也许能美化生活成为流行时尚，最终被凝结进传统；也许昙花一现之后被历史遗忘；甚至弄不好还会败坏社会风气。如果对所谓的奇装异服没有适度的包容，虽然败坏的危险减少了，但创新的机会也就失去了。

可以说，奇装异服的出现，是人心变化的信号。而时尚的背后，往往有无数人的热心支持。时尚就是了解人心的钥匙。

懂时尚就是懂人心。

第十七篇：与貌相宜

康熙年间，楚地。一天早上一群女人来到了客栈。她们要向一位女住客，也是当时的戏剧名角「小乔」学习穿衣打扮。事后这位小乔老师写了一首诗：

楚宫妆束旧知名，何事翻来学女伦？应是内庭憎虢国，故将粉黛污倾城。

——李渔《一家言》

这里的虢国指的是大唐贵妃杨玉环的姐姐虢国夫人。诗的意思是说，楚国古代宫廷装束本来非常出名，为什么还要反过来向其他人学习女人的学问呢？应该是她们的女主人看见别人，尤其是其他官贵家的女人打扮得漂亮，心里不高兴。这就好比杨玉环看见亲姐姐美过自己，也会心生嫉妒一样。于是涂脂抹粉，没想到把本来倾国倾城的容貌搞成了满脸污渍。因为不得要领，所以才需要学习。

图：虢国夫人像（《百美新咏图传》）

一、绝非闲情的偶寄

如此说来，小乔应该很懂穿衣打扮。但其实她能有如此见识，离不开一个坚实的后盾，那就是她的丈夫大文豪李渔。

1. 开山之作

李渔是明末清初人士，生于江苏如皋的药商之家，他很小的时候就被誉为神童，但不幸的是每到科举总赶上出大事。第一次受了影响没考好；第二次弄得他根本无法参加考试。这时他已经三十多岁，也就放弃了科举的想法。四十岁的时候他决定到杭州"卖赋糊口"，也就是从事商业写作。

李渔的作品很多。比如其中的一部《笠翁对韵》，很多人都知道几句："天对地，雨对风，大陆对长空"。

由于贴近生活，并且文笔一流，所以他写的书很畅销。常常是新书一面市，几天之内，千里之外就能读到他的文字。并且在那个时候，他还得腾出时间打击盗版和盗名。

在李渔的作品当中，后人评价最具价值的是《闲情偶寄》。凭借这本书，他被誉为中国戏剧理论的始祖。虽然在他前面还有关汉卿和汤显祖等戏剧大师，但戏剧理论研究，李渔是中国的第一份儿。而在这本书当中也包含了他对服装美感的讨论，是非常珍贵的古代服装理论资料。

2. 历史需要这本书

李渔之所以能写出《闲情偶寄》，当然需要背景支持和灵感触发。

在李渔之前，中国传统服装多受政治、哲学、宗教影响，一直没有形成独立的美学理论体系。尽管也曾有屈原、魏晋、大唐等美服觉醒甚至繁荣，但基本流于感性。所以中国历史需要这样的著作。

李渔生活的年代，恰逢明清更替，而两朝的服饰观念冲突是巨大的。这种情况下，自然需要人们做深度思考，阐述更为适用的观念。从李渔的著作来看，他更喜欢宋代的典雅，更关注个性专属美感。显然跟清朝宫廷的繁复相去甚远。但是在文字狱盛行的清朝，他不可直接批评宫廷的服制，只能把自己的"非主流"观念也就是"闲情"，寄托在著作当中。读得懂的人，自然会喜欢。

前面说小乔的见识来自李渔，同样李渔写作《闲情偶寄》的灵感也有小乔的贡献。1666年左右，李渔先后得到了小乔在内的两位戏剧表演高才。本来就会写剧本的李渔突然找到了台柱子，所以很快就组建了李家班，迅速火遍了大半个中国。在戏剧排练和表演的过程中，李渔以这两位名角为参考，思考了很多理论问题。所以灵感的来源离不开小乔，离不开他的生活。但是，小乔终究命苦，年仅十九岁就去世了。李渔为了表达对她的怀念，在文中称她为"乔复生"。

可见李渔的著作所论绝非"闲情"，因此需要后人"常记"。

二、神与形兼而论之

服装也有神和形两个层面，李渔的理论也是从这两个层面展开的。

1. 衣以章身

首先李渔同样会像之前的黄帝、舜帝、老子、孔子、墨子等人一样，提出精神层面的基本主张。

在《闲情偶寄》当中李渔明确提出了"衣以章身"。具体的解释是：

章者，著也，非文采彰明之谓也。身非形体之身，乃智愚贤不肖之实备于躬，犹"富润屋，德润身"之身也。

人穿衣服是为了把自己内在的品位、素质、精神境界穿出来。所谓章，不是用色彩图案炫人眼目，而是用服装来彰显自身的修养。这里的身不仅仅指身体，而是凝合了智慧、愚钝、贤良、不肖等相关素质的复合之身，与"富润屋、德润身"这句话当中的身是同一个意思。

这段话就等于说，如果一个人的修养不好，穿一身名牌也是枉然。因此同样一件衣服，富贵之人穿上就能彰显富贵，而贫贱之人穿上可能更加贫贱。对于贤者和不肖之人，也有同样的效果。比如说，一位德高望众的长者，即使穿百衲衣，露足根的鞋，其丰盈之象也能超越衣履扑面而来。而相反，德薄才疏之人即使穿上美服，也会让人觉得徒有其表，华而不实。

所以，想要有一个好形象，先从自身修养开始。

图：李渔像

2. 与貌相宜

那么一个素质良好的人怎样在形的层面进行具体操作呢？李渔提出了一个历史上非常重要，并且到现在依然适用的观念，就是"与貌相宜"。他说：

> 妇人之衣，不贵精而贵洁，不贵丽而贵雅，不贵与家相称，而贵与貌相宜。

李渔说了，有些人认为富贵之家就应该穿得光彩照人，而贫寒之人就应该一身缟素，这是不对的。尤其是女子的服装，更不是家境的标示物，更应该选择与她个人容貌相匹配的服饰，努力把她的美丽彰显出来。

在李渔的眼里，家境的贫富并不能决定一个人素质高低和形象美丑。贫寒的人也可以落落大方，富裕的人也可能丑态百出。因此，李渔的理论超越了身份和贫富，具有普遍的适用价值。

财富不是决定因素，按照李渔的理论，可以说几乎每个人都可以打扮出自己的气质。

三、李渔审美的三大倾向

李渔的着装理论，显然会带有他自己的审美倾向。那么，他个人认为什么样的装扮最好呢？

1. 简洁

李渔说"不贵精而贵洁"，他自己把这个洁解释为洁净。其实，在他的字里行间，还透露出另外一个层面的洁，就是简洁。无论是头饰的数量，还有服装的颜色，都极力推崇简洁。

比如，小乔在楚地辅导了那家侍女之后，诗中有一句：

> 吩咐钗钿宜少插。

在古代，中国女子对头饰非常重视。其中最为隆重的要数凤冠。皇后头上要有九龙四凤，既繁杂又沉重。在这种风气影响之下，民间女子也跟风而进，尽可能戴更多首饰，以彰显高贵。但是这种形象在李渔的眼中恰与美感背道而驰。现代礼仪当中也不提倡颜色过多和首饰过多。曾经有一位专家很风趣地批评过这种风格，他说"远看你像圣诞树，近看你是杂货铺"。这种看法其实与李渔的观点是一脉相承的。

2. 雅致

也许是因为李渔出生在江南，从小习惯了水墨丹青一样的建筑色彩；或许是因为饱读诗书，醉心于宋朝的服装格调；或是因历史上多个朝代都崇尚红色所造成的审美疲劳；再或是几次到北京行走，到处看人脸色，皇宫的红墙琉璃瓦跟他不开心的经历联接在了一起。总之他特别排斥红色。他在《闲情偶寄》当中多次否定红色，比如：

红紫深艳之色，违时失尚，反不若浅淡之合宜，所谓贵雅不贵丽也。

时花之色，白为上，黄次之，淡红次之，最忌大红，尤忌木红。

予尝读旧诗，见"飘飖血色裙拖地"、"红裙妒杀石榴花"等句，颇笑前人之笨。若果如是，则亦艳妆村妇而已矣，乌足动雅人韵士之心哉？

可见李渔的理论尽管很有历史价值，但也难免杂有明显的个人情愫，所以也需要客观理性地看待。

3. 个性

但是，简洁和雅致都是指着装的总体风格，遇到了具体情况该怎样操作呢？这就需要区别对待了。

在《闲情偶寄》当中，李渔说道：

大约面色之最白最嫩，与体态之最轻盈者，斯无往而不宜。

皮肤白嫩、体态轻盈的女人，天生丽质，穿什么都适宜。所谓：

色之浅者显其淡，色之深者愈显其淡；衣之精者形其娇，衣之粗者愈形其娇。

这样的女人之所以无往而不宜，原理就是她们穿浅色会显得面色白皙，穿深色则显得更加白皙；穿细布服装会显得娇贵，穿粗布服装更显娇贵。所以她们不需要设计，随便哪件都能穿得光彩照人。但是这样的女人毕竟只是少数，所以他感叹：

此等即非国色，亦去夷光、王嫱不远矣，然当世有几人哉？

其中夷光就是西施，王嫱就是王昭君。

那么，绝大多数无法跟西施、王昭君媲美的女人呢？当然就需要有个性的服饰方案。

四、从个性出发的方案

在《闲情偶寄》当中，李渔主要从发色、皮肤、身材几个方面做了建议。

1. 发色

古代女子都有头饰，但是选用什么样的头饰，主要看发色如何。李渔认为，对于面色欠白，发色带黄之人，头戴珠翠宝玉可为她增娇益媚，看上去光彩照人。但是反过来面白发黑的佳人戴着满头翡翠金珠，就会感觉只见金不见人，相当于花藏在了叶子下面，月亮躲在了云彩后面。

是以人饰珠翠宝玉，非以珠翠宝玉饰人也。

由此可以联想到现实场景，容貌姣好的女人穿戴最为简洁的服装和首饰会显得异常出众；而容貌普通的女子在服装上增加一些花色和点缀，也会让人感到妩媚动人。但是反过来，本来容貌普通再穿戴得极其简洁，则会显得更为普通；同理本来容貌姣好，如果花色点缀太多反而削弱了容貌的优势。

2. 皮肤

李渔在《闲情偶寄》当中举了个例子。如果拿出一件新衣服让多位女子轮流试穿，就会发现其中一定有一两位穿起来非常漂亮，也一定会有一两位穿起来十分难看，大多数人则效果平庸。衣服本身对任何人都是公平的，但是效果为什么不同呢？李渔从两个方面解释了其中的道理。

第一个方面，色彩。他说：

人有生成之面，面有相配之衣，衣有相配之色，皆一定而不可移者。

所以，现代的形象设计师经常使用色彩测试布，用来判断到底哪种颜色适合受测对象。但是在古代没有这样的手段，于是李渔给出了基本建议：

面颜近白者，衣色可深可浅；其近黑者，则不宜浅而独宜深，浅则愈彰其黑矣。

所以，李渔在文中对黑色大为推崇，认为黑色可以适用于任何情况。这一点在现代也能适用，如果自己审美水平不高，尽量多买黑色，一定不会错。

第二个方面，肤质。他又说：

> 肌肤近腻者，衣服可精可粗；其近糙者，则不宜精而独宜粗，精则愈形其糙矣。

李渔认为，丝绸和棉布，都有精粗之分。即使是绸缎，如果有凸起花纹，也可归类为粗。这样的话，即便是富家女子，如果皮肤粗糙，也应该选择粗丝绸；而皮肤细腻的贫寒女子，则可以选择细棉布。

其实，李渔在这里主要运用的是衬托法。

3. 身材

比如李渔说到高跟鞋的时候有一套说法。

> 有之则大者亦小，无之则小者亦大。

古代女人以脚小为美。穿上高跟鞋，大脚也会显小；不穿高跟鞋，小脚也会显大。并且：

> 以有底则指尖向下，而秃者疑尖，无底则玉笋朝天，而尖者似秃故也。

可见李渔在视觉上揣摩了很多东西。

五、哪些东西能入法眼？

李渔讲了这些原则和方法，那么历史上有没有他所推崇的典范之作呢？当然有。除了对黑色的推崇之外，还有一些他认为非常必要的设计。

1. 不可无的背褡和鸾绦

背褡也称为褙子，是宋代的流行服装，而鸾绦则是束腰的丝带。李渔认为它们搭配在一起使用，有价廉功倍的效果。

> 妇人之体，宜窄不宜宽，一着背褡，则宽者窄，而窄者愈显其窄矣。妇人之腰，宜细不宜粗，一束以带，则粗者细，而细者倍觉其细矣。背褡宜着于外，人皆知之；鸾绦宜束于内，人多未谙。带藏衣内，则虽有若无，似腰肢本细，非有物缩之使细也。

女人的身材以窄为美，一穿上背褡，即使原本比较宽也会显得窄一些。而女人的腰当然以细为美，一

图：明唐寅《盂蜀宫妓图》

图: 穿云肩的女子（清禹之鼎《乔元之三好图》）

系上鸾绦，即使原本比较粗也会感觉细了一些。而且两者同时使用，效果方为最佳。由于外面穿了背褡，看不见系在里面的鸾绦，于是以为腰肢本细，不是用带子勒出来的。

2. 不可省的裙幅

古代女子所穿的裙子，是由多幅布料纵向缝合而成。比如有一句诗"裙拖六幅湘江水"，就是形容古代裙装的。

李渔认为，裙装的精粗，在于折纹的多少。

折多则行走自如，无缠身碍足之患，折少则往来局促，有拘挛桎梏之形；折多则湘纹易动，无风亦似飘飘，折少则胶柱难移，有态亦同木强。故衣服之料，他或可省，裙幅必不可省。

裙幅以多为美，但还需考虑财力问题。所以李渔建议居家用八幅，在外用十幅。以李渔的观点，多花一点钱增加几幅布就能让自家女人倍感爱护，男人应该义不容辞。

但是对于在康熙年间苏州地区流行的百裥裙，李渔也不完全认同。百裥裙是用整幅缎子打折成百褶制成。这种裙装是由赵飞燕的留仙裙演变而来的。李渔说它只适合盛大活动，不适合家常，并且造价太高，所以持保留态度。

六、争议仍在继续

由于此前缺乏讨论，也无可供参考的研究成果，所以李渔对服装审美的论断可以说是完全依靠个人感悟获得的，因此他的观点也难免有偏颇之处。比如对红色的排斥，即便是他在世的时候也未必能得到大多数人的认同。而这样的分歧也不止一点。

1. 云肩与服装同色

李渔认为云肩用来保护领子，是非常好的设计。但是他提倡云肩和衣服同色，就不一定被广泛认同。他的理由有两个：

第一个理由，云肩和衣服不同颜色，看上去仿佛身首异处，不吉祥；

第二个理由，仅仅外表与服装同色还不够，云肩的里子也要与服装同色。因为：

此物在肩，不能时时服贴，稍遇风飘，则夹里向外，有如飓吹残叶，风卷败荷，美人之身不能不现历乱萧条之象矣。

其理由也是不吉祥。可见李渔的判断也受了"服妖"理论的影响，因此脱离了视觉审美的范畴，仍在迷信的樊篱之中。

从现代人的角度看，云肩内外都与服装同色，则会缺少变化而感觉不够生动。现代人无论扎围巾、系围脖，一般不会与服装同色。看来李渔的这种看法并没有经得起时间的考验。

2. 水田衣

他还特别看不上一种在当时很流行的服装——水田衣。

什么是水田衣呢？其实，水田衣出现得比较早，因用多块布片缝缀而成，看上去像水田的格子一样而得名。这款服装，在明末清初受到了女性的追捧。却遭到李渔的猛烈抨击。他讲了三个理由：

第一，中国人从古代开始就讲究服装的接缝越少越好。神话传说当中有"天衣无缝"的说法。

第二，把整块布裁成了小块，缝缀时布料会被吃掉很多，并且做起来也颇费工时。所以他认为是那些裁缝在偷奸耍滑，目的是为了多赚钱。

第三，仍然是从服妖理论出发，认为明朝山河破碎与流行这种块状分割的服装有关。

一本书有争议，更容易引起社会的关注。也许李渔当年就懂得用热议带动热销，总之他抛出的这些尖锐观点，实际上也起到了这样的效果。

按照今天的看法，李渔的理由未免牵强了。如果说水田衣的审美价值不高，主要问题还是出在视觉上。现代形象设计理论一般强调身上不多于三种色彩。而水田衣用碎片拼接造成色彩混杂，看上去让人心绪烦乱，很难留下好印象。

七、裁衣学水田的意境

但是，水田衣能够流行于世就没有道理吗？

1. 妙玉的水田衣

在《红楼梦》一百零九回写到贾宝玉的奶奶贾母病了。贾母被王熙凤称为"老祖宗",在贾府一言九鼎,威信极高。她病了可是一件大事,大家都来看望。小说中有一位美女名叫妙玉,也跟林黛玉、薛宝钗一样是金陵十二钗之一,贾母生病的时候已经出家了。但即使出家也不敢免俗,所以也来给老太太请安。

妙玉长得美是不用说的。需要说的是这个人平日里说话做事都有特别之处,所以招一些人喜欢也惹一些人嫉妒。她出家之后,林黛玉、薛宝钗前去看她,她请两位喝茶。而泡茶所用的水,居然是五年前在寺庙梅花瓣儿上搜集的雪花,并且是装在瓷罐子里埋了五年才启封的。这不就是传说中的神仙姐姐吗?而这样的人来看望贾母时,穿的就是水田衣。

2. 水田衣的韵味儿

那么作者为什么让妙玉穿上水田衣呢?其实在古代,水田衣曾被赋予过多层文化含义。

第一,水田衣用边角料缝制,体现节俭,是中华民族的传统美德。

第二,婴儿所穿的百结衣,其实也是水田衣的一种。得到百家关爱,孩子更好养活。

第三,水田衣在视觉上贴近田园,给人远离尘嚣之感,是中国文人尤其是隐士高人追求的生活姿态。扬州八大怪当中的郑板桥,在《道情十首》当中曾说:

水田衣,老道人,背葫芦,戴袱巾。

而郑板桥相比起妙玉,个性可谓更强。

第四,唐代大诗人王维曾在《过卢四员外宅看饭僧共题七韵》写过:

乞饭从香积,裁衣学水田。

讲的是信奉佛教的事情。水田衣,穿在僧侣身上,就成了百衲衣。衣着简朴内心清净,并且体现了与众生的密切关系。

所以,以妙玉的性格和出家人的身份,她喜欢水田衣也在情理之中。

3. 水田衣的美感

如果单纯从视觉美感出发,水田衣的确难称佳品。但是对水田衣的

图：古画中的水田衣

图：妙玉（乾隆五十六年程甲本《红楼梦》）

审美不能只停留在视觉上，还应该上升到意境层面。

假如妙玉来到了江南水乡，远离尘嚣过着田园生活，她的内心简单而且宁静。远处青山环抱，白云袅袅。一大片稻田，一个一个的方格子。有些格子已经插上秧苗，有些还是静水一片，倒映着蓝天。农夫、水牛、木犁点缀其中。这个时候身穿水田衣的妙玉直起腰来，用袖子擦了擦额头上的汗。她身上的格子恰好与稻田相映成趣，人就像是大地里长出来的精灵一样。这种美，超越了简单的个人形体之美，是需要对传统文化有充分了解，需要站在更大的审美空间里才能感受的。

八、我是谁和我在哪儿？

现代中国进入了衣装丰美的时代。服装本身已经大大削减了哲学、政治、道德功能，成为自主选择的生活用品。所以达成个体审美愿望，单纯视觉美化，成为服装消费的主流观念。这种情况下，李渔的观点就有了更多借鉴价值。但是，如何把他的理论结合到现实生活，却有一些问题需要思考。

1. 中国人的貌

由于近代开始受西方影响较大，所以传统服装只能面对小众。虽然西方的设计原则和李渔的与貌相宜本质相通，但是具体操作却仍然需要

图：中国著名影星周璇　　　　图：好莱坞影星英格丽褒曼

认识中西差别。所以首先要解决"我是谁"的问题。

比如西方的女性，虽然身材高挑，但是往往棱角分明。而中国的女性恰恰娇巧玲珑，玉润珠圆。所以，简单移植西方款式，无法呈现中国女性的最佳美感。

相反，中国的传统服装，领子、肩头、衣襟等处的圆润曲线，恰与中国女性的含蓄、温柔、娇俏、淑雅的形象气质相得益彰。这就是为什么西方女明星穿着旗袍，反而不如中国的邻家小妹更有韵味的原因。

所以，中国的设计师应该在运用中国元素表达本土女性美感方面多下功夫。

同样，西方男装设计当中以展示力量为重点，看似具有普遍意义。但中华传统文化当中的自然、流畅、友善、包容等观念，同样塑造出了中国男人特有的儒雅气质。西方依靠直线和垫肩强化出来的威武，使得很多场合都以棱角相撞，把交流变得单调而且冷酷。于是，面对巨大的改善空间，同样需要现代设计师沉浸其中，以获得突破。

中国有礼仪之大故称夏，有服章之美谓之华。

——孔颖达《春秋左传正义》

体现中国人独特气质的服装，凝聚着中华传统文化，其基因应该得到延续，风采应该重新焕发。

2. 现代中国的环境

服装需要环境的烘托，所以也要解决"我在哪儿"的问题。

虽然现代化建设已经大面积改变了社会面貌，但是仍然会有很多民族风情保留在生活当中。民族风格的园林、街道、建筑、装修、家具，以及蕴含传统文化的仪式、运动、歌舞、品茗等，仍随处可见。如果能与环境相融，民族服装也会大放光彩。

比如江南雨巷当中，一位撑着油纸伞，身穿旗袍，丁香一样的姑娘走过，就显得韵味十足。而换成西服套裙，看上去就成了合成照片。

比如，家里老寿星的寿宴。作为晚辈如果能穿着带有儒雅风范的传统服装出场，老人家会非常高兴。一个孝字，就包含在服装当中了。

社会环境是广义的貌。与貌相宜，自然也要考虑这个"貌"的特质。

参考文献总目

专业著作

[1] 中国古代服饰研究，沈从文编著，商务印书馆，2011 年 12 月
[2] 中国衣冠服饰大辞典，周汛、高春明编著，上海辞书出版社，1996 年 12 月
[3] 中华服饰七千年，黄能福、陈娟娟、黄钢编著，清华大学出版社，2011 年 9 月
[4] 中国服饰名物考 高春明著，上海文化出版社，2001 年 9 月
[5] 中国服装色彩史论，李应强著，台北南天书局有限公司出版，1993 年 9 月
[6] 中国历代服饰集萃，刘永华著，清华大学出版社，2013 年 11 月
[7] 中国服饰文化，张志春著，中国纺织出版社，2009 年 8 月
[8] 中国丝绸文化，袁宜萍、赵丰著，山东美术出版社，2009 年 4 月
[9] 中国龙袍，黄能馥、陈娟娟著，紫禁城出版社·漓江出版社，2006 年 9 月
[10] 中国古代的平民服装，高春明著，商务印书馆国际有限公司，1997 年 3 月
[11] 中国纺织科技史，曹振宇主编，东华大学出版社，2012 年 9 月
[12] 中国历代妇女妆饰，周汛、高春明著，上海学林出版社，
　　三联书店（香港）有限公司，1997 年 10 月
[13] 中外服饰史，张朝阳、郑军主编，化学工业出版社，2009 年 8 月
[14] 中外服饰文化，吴琳主编，清华大学出版社，2013 年 4 月
[15] 中国历代服饰，李楠编著，中国商业出版社，2015 年 1 月
[16] 中国染织史，吴淑生、田自秉著，上海人民出版社，1986 年 9 月
[17] 中国古舆服论丛，孙机著，上海古籍出版社，2013 年 11 月
[18] 中国传统服饰形制史，周汛、高春明著，台北南天书局，1998 年 10 月
[19] 中国古代服装风俗，周汛、高春明著，陕西人民出版社，2002 年 9 月
[20] 中国历代鞋饰，叶丽娅编著，中国美术学院出版社，2011 年 5 月
[21] 中国风：中国服饰文化系列丛书（10 本），东华大学出版社
[22] 人类服饰文化全书（20 本），华梅主编，中国时代经济出版社，2010 年 1 月
[23] 锦绣文章—中国古代织绣纹样，高春明著，上海书画出版社，2005 年 7 月
[24] 丧服制度与传统法律文化，马建兴著，知识产权出版社，2005 年 5 月
[25] 兜肚寄情文化史，潘健华著，上海大学出版社，2014 年 7 月
[26] 汉字与服饰文化，冯盈之编著，东华大学出版社，2012 年 8 月
[27] 服饰成语导读，冯盈之编著，浙江大学出版社，2007 年 9 月
[28] 中国趣味服装文化，苏山编著，北京工业大学出版社，2013 年 11 月
[29] 纺织品考古新发现，赵丰主编，艺纱堂 / 服饰工作队（香港），2002 年 9 月
[30] 服饰手工艺，赵晓玲主编，化学工业出版社，2013 年 9 月
[31] 明代服饰研究，王熹著，中国书店出版社，2013 年 8 月
[32] 旗装奕服——满族服饰艺术，满懿著，人民美术出版社，2013 年 2 月
[33] 中国成都蜀锦，黄能馥主编，紫禁城出版社，2006 年 11 月
[34] 敦煌历代服饰图案，常沙娜，万里书店有限公司·轻工业出版社，1986 年 10 月
[35] 清代宫廷服饰，陈正雄著，上海文艺出版社，2014 年 1 月
[36] 清代官制与服饰，李理著，辽宁民族出版社，2009 年 1 月
[37] 图说宋人服饰，傅伯星著，上海古籍出版社，2014 年 8 月
[38] 旗袍，江南、谈雅丽编著，当代中国出版社，2008 年 8 月
[39] 南京云锦，徐仲杰等著，南京出版社，2002 年 9 月
[40] 和服，顾申主编，青岛出版社，2012 年 5 月

辅助文献

[41] 说文解字，汉·许慎，中华书局，2013 年 7 月

[42] 太平御览，宋·李昉等撰，中华书局，1960 年 2 月

[43] 新定三礼图（影印本），宋·聂崇义集注，清康熙 12 年通志堂刊，1673 年

[44] 三才图会，【明】王圻、王思义编集，上海古籍出版社，1988 年 6 月

[45] 格致镜原（影印本），清·陈元龙撰，江苏广陵古籍刻印社影印，1989 年 11 月

[46] 百美新咏图传（影印本），清·颜希源撰，王翙汇图，中华书局，1998 年 5 月

[47] 闲情偶寄，清·李渔著，浙江古籍出版社，1991 年 8 月

[48] 殷墟妇好墓，中国社会科学院考古研究所编著，文物出版社，1980 年 12 月

[49] 上海博物馆馆藏精品，上海博物馆编，上海书画出版社，2004 年 12 月

[50] 荆州博物馆馆藏精品，荆州博物馆编，湖北美术出版社，2008 年 11 月

[51] 解读天中，高峰主编，中国文化发展出版社，2012 年 3 月

[52] 三星堆—古蜀王国的圣地，陈德安著，四川人民出版社，2000 年 7 月

[53] 丝绸之路与外国探险家，李屹主编，新疆美术摄影出版社，2009 年

[54] 远古江南—河姆渡遗址，孙国平著，天津古籍出版社，2008 年 1 月

[55] 易经问卜今译，宋·朱熹，天津社会科学院出版社，1993 年 2 月

[56] 左传，王守谦、金秀珍、王凤春译注，贵州人民出版社，1990 年 11 月

[57] 史记，司马迁著，中华书局，2000 年 1 月

[58] 二十四史简体字本，中华书局，2000 年 1 月

[59] 诗经译注，姚小鸥著，当代世界出版社，2009 年 1 月

[60] 管子全译，谢浩范、朱迎平译注，贵州人民出版社，2009 年 3 月

[61] 全唐诗，清·彭定求，延边人民出版社，2004 年 1 月

[62] 西方服装史经典图鉴，英·皮库克著，刘瑜译，上海人民美术出版社，2008 年 5 月

[63] 中华全国风俗志，胡朴安，河北人民出版社，1986 年 12 月

[64] 色彩心理学，【日】野村顺一著，张雷译，南海出版公司，2014 年 5 月

学术文章

[65] 华韵十二章—十二章纹中的"道之和"与"儒之礼"，
　　蔡锐，景德镇学院学报，2015 年 2 月

[66] 论中国古代的服饰文化形态，苑涛，文史哲，2004 年第 5 期

[67] 《敬姜说织》与双轴织机，赵丰，《中国科技史料》第 12 卷（1991）第 1 期

[68] 论汉明帝刘庄对对确立封建服饰制度的贡献，林永莲，文化生活 2012-03

[69] 西汉齐三服官辩正，王子今，中国史研究，2005 年第 3 期

[70] 汉代"服妖"透视，赵牧，辽宁教育学院学报，1995 年第 3 期

[71] 魏晋时期儒道合流影响下的隐士形象—以《世说新语》为中心的考察，
　　高震，兰州文理学院学报，2014 年 5 月

[72] 唐代的"凤凰热"，吴艳荣，江汉论坛，2007.5

[73] 宋代女性"服妖"现象探析，李静红，衡水学院学报，2014 年 12 月

[74] 探索古代男女着奇装的独特表现，任宏丽，品牌，2014 年 10 月（下）

[75] 明代中晚期"服妖"风俗考，牛犁、崔荣荣、高卫东，服饰导读，
　　2013 年 9 月第三期

[76] 论晚明人士自放生活的颓废审美风格，妥建清，甘肃社会科学，2012 年第 5 期

[77] 晚晴"服妖"现象的探索与反思，孙淑松、黄益，聊城大学学报，
　　2010 年第一期

[78] "服妖"与"时世装"：古代中国服饰的伦理世界与时尚世界，
陈宝良，艺术设计研究，2013.04/ 冬 2014.01/ 春
[79] 唐诗宋词中的女性服饰美学，周平、陈旭东，山东纺织经济，2011 年第 5 期
[80] 论宋词服饰意象的表现形态与文化功能，单芳，甘肃社会科学，2011 年第四期
[81]《水浒传》中的女性服饰探析，陈雪、李强，长春教育学院学报，2014 年 11 月
[82]《水浒传》中的服饰文化，李永浩，文化生活 2015.05
[83]《红楼梦》中的服饰美学，刘捷，东方文化周刊，2014 (12)
[84] 从《世说新语》看魏晋名士服饰新风，石洁，经典教苑 2009.9
[85] 浅谈中国古代衣领，孙思扬，山东纺织经济，2013 年第 10 期
[86] 清末民初凤尾裙的仿生形态研究，范丽、梁惠娥、肖宇强，
江南大学学报，2009 年 4 月
[87] 凤尾裙小考，高冰清，故宫博物院院刊，2015 年第 4 期
[88] 中国古代入室脱鞋的习俗，王功龙、刘曼，北方论丛，2003 年第 4 期
[89] 论秦汉女织，管红，河南教育学院学报，1999 年第 2 期
[90] 论李渔的服装美学观—以当代服装美学为参照，欧阳丹丹，
淮北媒体师范学院学报，2008 年 4 月
[91] "文质彬彬然后君子"孔子的君子意涵，孙钦香，学海 2015.5
[92] "领袖"一词的历史演变研究，余桃桃，铜仁学院学报，2016 年 5 月
[93] 经典阐发与政治术数—《洪范五行传》考论，徐兴无，
古典文献研究第十五辑（2012 年 7 月）
[94] 李渔家庭戏班综论，黄果泉，南开学报，2000 年第 2 期
[95] 李渔传，徐保卫著，百花文艺出版社，2011 年 5 月
[96] 戏看人间·李渔传，杜书瀛，作家出版社，2014 年 1 月
[97] 论屈原的个性及死因，柳芳，江汉大学学报，2002 年 2 月

学位论文

[98] 东汉儒道思想与社会风俗，王繁，山东师范大学硕士学位论文，2012 年 5 月
[99] 传统服装结构之再解构，胡天霞，天津工业大学硕士学位论文，2011 年 1 月
[100] 试论中国传统服装的设计艺术，范树林著，河北大学硕士论文，20041001
[101] 中国传统裤装造型结构研究，张俊杰，北京服装学院硕士学位论文，
2014 年 12 月
[102]《霓裳羽衣》的艺术特征及多元化分析，王明霞著，河北大学硕士学位论文，
2006 年 6 月
[103] 反对欧阳修的政治偏见：武则天对唐朝服饰文化做出贡献，王子旭，
天津师范大学硕士学位论文，2015 年 4 月
[104] 我国汉民族缠足文化考析——基于弓鞋的研究，崔晶晶，
江南大学硕士学位论文，2008 年 3 月
[105] 霓裳钗影探红楼—《红楼梦》服饰分析，张宇珊，
四川师范大学硕士学位论文，2013 年 5 月

图书在版编目（CIP）数据

中国衣裳 / 李任飞著 . —北京：中国青年出版社，2017.9
ISBN 978-7-5153-4934-3

Ⅰ . ①中… Ⅱ . ①李… Ⅲ . ①服饰文化—中国—普及—读物

Ⅳ . ① TS941.12-49

中国版本图书馆 CIP 数据核字（2017）第 240813 号

责任编辑：彭岩
*
中 国 青 年 出 版 社出版 发行

社址：北京东四 12 条 21 号　邮政编码：100708
网址：www.cyp.com.cn
编辑部电话：（010）57350407　门市部电话：（010）57350370
北京中科印刷有限公司印刷　新华书店经销
*
700×1000　1/16　15.75 印张　300 千字
2017 年 11 月北京第 1 版　2017 年 11 月北京第 1 次印刷
定价：48.00 元
本书如有印装质量问题，请凭购书发票与质检部联系调换
联系电话：（010）57350337